PRODROME

D'UNE MONOGRAPHIE

DES AMMONITES,

PAR

M. H. DE BLAINVILLE.

Membre de l'Institut, professeur au Muséum d'histoire naturelle.

Extrait du Supplément du Dictionnaire des Sciences naturelles.

PARIS,

CH. PITOIS, ÉDITEUR.

ON SOUSCRIT :

CHEZ P. BERTRAND, LIBRAIRE,

Rue Saint-André-des-Arts, 38.

STRASBOURG, Ve LEVRAULT, LIBRAIRE,

RUE DES JUIFS, 33.

1840.

PRODROME
D'UNE MONOGRAPHIE
DES AMMONITES.

AMMONITE, *AMMONITES.* (*Malac.*) Genre de coquilles univalves polythalames siphonées, que, vu le grand intérêt qu'il a pris en géologie et le peu de pages qui lui ont été données dans le Dictionnaire, l'on peut envisager ici sous les divers rapport de son histoire zooclassique, de son organisation, des principes de sa classification ou distribution systématique, de l'exposition et de la définition des espèces qui le constituent, et enfin de leur distribution géologique plus que géographique ; car jusqu'ici aucune véritable ammonite n'a été trouvée à l'état récent, quoi qu'on en ait dit dans le siècle dernier.

1. *Histoire de la partie de la zoologie qui les concerne.*

En approfondissant cette histoire, comme je l'ai fait depuis longtemps dans un grand travail inédit, dont cet article n'est qu'un extrait, on voit se présenter successivement les phases suivantes :

1° Le nom inventé par les anciens, sans une définition assez rigoureuse pour qu'il soit possible de rien assurer sur ce qu'ils entendaient par ammonites, est appliqué à des corps définis et figurés, par Bartholin Ambrosini et par C. Gesner, vers 1560 ;

2° Ces corps sont considérés comme n'étant pas des *lusus naturæ*, ni des productions spontanées de la terre, mais comme étant ou provenant de corps organisés, par le même Gesner, en 1560 ;

3° Comme des coquilles ou des moules de coquilles, par le même ;

4° Comme des coquilles ayant beaucoup d'analogie avec le nautile chambré, que Belon venait de faire connaître en 1553, par Worm, en 1653, et par Boccone en 1669, ce qui a été adopté depuis d'une manière peut-être un peu trop rigoureuse ;

5° Comme devant être distinguées des nautiles par le système d'enroulement, les tours étant visibles dans les ammonites, et ne l'étant pas dans les nautiles, par Lister et les anglais, vers la fin du XVIIe siècle ;

6° Comme offrant des différences spécifiques qui permettaient non-seulement de les définir plus ou moins heureusement comme espèces, mais encore de les grouper en petites sections, et cela d'après la considération seule de la surface ;

7° Comme se trouvant dans tel ou tel pays, ou même dans telle ou telle couche de la terre, par Woodward, en 1617, et par conséquent comme moyen géologique ;

8° Comme pouvant avoir et même comme ayant des analogues vivants dans nos mers (ce qui a été reconnu comme faux), par Bianchi;

9° Comme différant essentiellement des nautiles par la forme de la périphérie des cloisons, tourmentée, lobée, et produisant dans le moule et par la distribution de ces cloisons ce qu'il nomme *ornamenta foliana*, par J. Gesner, en 1758;

10° Comme susceptibles d'être partagées en différents genres, nommés et définis d'après la considération plus circonstanciée du mode d'enroulement, de la position du siphon, et même de la forme des cloisons, par d'Accoste, en 1778;

11° Comme formant des espèces distinctes, déterminées, définies et décrites à la manière linnéenne, en 1789, par Bruguière, qui eut aussi égard à la position du siphon, et qui fit le premier une véritable monographie de ce genre ;

12° Comme pouvant servir à caractériser les terrains en géologie; par Schlotheim, et ensuite par Sowerby, qui doubla ou tripla même le nombre des espèces connues, en même temps qu'il donna, pour faciliter leur reconnaissance, la forme de l'ouverture, ou mieux de la coupe terminale et des figures en partie comparables.

13° Comme sujet d'un prodrome de monographie zoologique complète de toutes les espèces connues ou même indiquées avant lui, par M. de Haan, qui est conduit à l'établissement de quelques genres assez importants;

14° Comme susceptibles d'être définies spécifiquement d'une manière bien plus rigoureuse qu'on ne l'avait fait avant lui, par Reinecke, en 1818, d'après la considération importante des lobes persillés des cloisons, dont il montre la constance dans le nombre et la forme, et la position, considération que n'apprécie pas assez M. de Haan dans sa monographie, et qu'exagère peut-être un peu M. de Buch, en en facilitant l'emploi par les dénominations qu'il leur assigne;

15° Comme susceptibles d'être disposées d'une manière sériale ou de dégradation, depuis les espèces dont les cloisons sont le plus simples, et par conséquent ressemblent davantage à celles des nautiles, jusqu'à celles qui sont le plus compliquées, en n'employant que des caractères presque extérieurs, comme je l'ai fait en 1831, dans l'arrangement des espèces du Muséum de Paris, nommées, étiquetées dans la collection publique et dans le catalogue manuscrit que j'en ai laissé;

16° Comme pouvant être distribuées en petites familles ou sous-genres qui correspondent assez bien avec l'époque zoologique des terrains qui les renferment, par la considération presque intérieure de la forme des cloisons, par M. de Buch, envisageant la question plus en géologue qu'en zoologiste.

En sorte qu'aujourd'hui l'importance de l'étude et de la connaissance des ammonites est aussi bien sentie par les naturalistes qui s'occupent de la série animale, que par ceux qui n'envisagent que son substratum à la surface de notre planète. En effet, envisagées en elles-mêmes purement zoologiquement, les ammonites viennent remplir un anneau de la série créée, et qui paraît avoir disparu de bonne heure, tandis que considérées comme corps adventifs dans les couches sédimenteuses de la terre, elles forment une sorte de chronomètre propre à mesurer l'ancienneté relative de ces couches, et leur plus ou moins grand degré de ressemblance, jusqu'à l'identité.

De l'organisation des ammonites.

Les ammonites sont des coquilles, en général, assez minces, plus ou moins nacrées à l'intérieur, à stries d'accroissement extérieur très fines, quelquefois à peine visibles, et dont le cône spiral, s'accroissant plus ou moins rapidement en hauteur et en largeur à la fois, d'autres fois plus dans un sens que dans l'autre, s'enroule régulièrement dans un plan vertical médian, de manière à ce que les tours de spire ne soient que contigus, ou semblent se pénétrer de plus en plus, et forment dans le premier cas des coquilles tout à fait plates, en pain de bougie, en patet, ou bien, dans le second, des coquilles semi-globuleuses ou tout à faiglobuleuses, suivant, en outre, la forme du cône spiral.

D'après cette étiologie, le sommet de ce cône n'est jamais libre ou à découvert (un échantillon de la collection du Muséum a permis cependant de voir qu'il commence par une sorte d'ampoule, comme dans la spirule); les côtés ou flancs de la coquille sont toujours plus ou moins excavés, ce qui produit par une exagération en sens inverse, ou bien un ombilic plus ou moins rétréci, quelquefois au point de disparaître, ou bien son absence complète par son excessif étalement; et enfin vers sa terminaison avant d'arriver à l'ouverture, on sait, par la découverte faite dans ces derniers temps, d'ammonites entières, que le cône spiral décroît sensiblement dans l'un et dans l'autre de ses diamètres, et par conséquent se resserre, se déroule même un peu, à la manière de la spirule, et finit par un rebord ordinairement renflé circonscrivant l'ouverture.

Cette ouverture, constamment parfaitement régulière et symétrique, à moins de déformation accidentelle, présente une configuration très différente, suivant la forme du cône spiral et son degré d'enroulement; mais comme les ammonites complètes sont en général fort rares, on en juge ordinairement d'après le corps du cône dans sa partie la plus épaisse; et alors elle peut être *circulaire*, *subcarrée*, *transverse*, *sémi-lunaire*, *cordiforme*, ou même *verticale*, *ogivale*, suivant la proportion de ses diamètres.

Quand l'ouverture ou bouche d'une ammonite est complète, ou du moins approche de l'être, ce dont on peut juger quelquefois assez bien par les stries d'accroissement, on voit que son bord, épaissi ou non, est régulièrement partagé en lobes : un médio-supère plus ou moins avancé, et quelquefois presque styliforme, tant il est étroit, un de chaque côté, dilaté en oreille ou en spatule, séparés par autant de sinus, deux latéraux-supères et un médio-ventral.

L'intérieur de la coquille des ammonites est composé de deux parties principales, une antérieure, largement ouverte, unicavitaire, servant de loge à tout ou partie de l'animal, et dont la proportion avec le reste nous est rarement connue ; l'autre postérieure, essentiellement enroulée, partagée en un nombre variable de loges closes par des cloisons nommées ***dissepimenta***, ce qui a fait donner aux coquilles ainsi conformées la dénomination générale de coquilles ***cloisonnées***, ***chambrées*** ou ***polythalames***.

Ces cloisons, comme on a pu s'en assurer, par analogie, chez les nautiles et les spirules de notre époque, et même sur des ammonites parfaitement conservées, sont bien plus minces que les parois de la coquille contre lesquelles elles sont appliquées et collées à leur périphérie interne ; mais ce qu'elles offrent surtout de particulier et de caractéristique de ce genre, c'est que, à peu près convexes ou bombées en avant, dans le milieu, en sens inverse des stries d'accroissement le plus ordinairement légèrement concaves en avant (1), leur circonférence, au lieu d'être simple ou de suivre circulairement la paroi interne du cône, est plus ou moins sinueuse. Ces sinuosités, alternativement dirigées en arrière et en avant, en marchant du dos au ventre, formant, celles-là ouvertes en avant, celles-ci ouvertes en arrière, les ***lobes*** et les ***selles*** de la nomenclature de M. de Buch, sont en nombre fixe, en proportions constantes, symétriques de chaque côté, par rapport au plan médian d'enroulement, et de plus, ces lobes et ces sinus sont eux-mêmes déchiquetés par des enfoncements diversiformes, ce qui produit des sous-lobes ou des foliations plus ou moins nombreuses, plus ou moins profondes ; en sorte que dans les moules ou entypes des ammonites en matière fine endurcie, il se produit, par suite de la disposition totale de la coquille et de ses cloisons, au point de jonction des fausses vertèbres qui en résultent, des lignes en zigzag, anguleux ou arrondis, comparables à ce que, en ostéologie, on nomme suture dentée, par exem-

---

(1) De la forme différente des cloisons des ammonites dans leur plan, il est résulté que dans les coupes longitudinales de la coquille, la ligne de leur coupe peut être convexe ou concave en avant suivant le point médian ou latéral de la coupe.

ple, au crâne de l'homme, mais infiniment plus tourmentées. Ces déchiquetures ou foliations des lobes de la circonférence des cloisons des ammonites sont encore, à peu près comme les lobes eux-mêmes, symétriques, quand on n'y regarde pas de très près; mais évidemment la symétrie diminue à mesure que l'on compare des subdivisions plus éloignées de la base. Le nombre des sinus ou enfoncements principaux en arrière ou lobes n'est jamais au-dessus de six, du moins dans les ammonites ordinaires : un dorsal, un ventral et quatre latéraux en deux paires (une latéro-supère et une latéro-infère), ce qui produit trois paires de lobes saillants en avant ou de selles; de plus, chacun de ces enfoncements et de ces lobes est susceptible d'être divisé en deux bras, un de chaque côté, bien symétriquement pour les lobes médio-dorsal et médio-ventral, mais plus ou moins inégalement pour les lobes latéraux, ainsi que pour les trois sinus ou selles; d'où il suit que le lobe médio-dorsal est bifurqué, et présente une excavation médiane entre deux pointes ou lobules s'avançant vers l'orifice de la coquille. Chaque division primaire est ensuite susceptible de subdivisions secondaires, tertiaires; et comme elles sont quelquefois très profondes, il en résulte que la lobure primitive semble disparaître ou devenir confuse (*intricatæ*, Reinecke), et qu'il faut une certaine attention afin de se reconnaître dans cette foliation, assez compliquée pour qu'elle ait été comparée aux dentelures des feuilles de persil.

Du reste, que ces cloisons soient presque simples ou profondément persillées à leur cieonférence, elles sont toujours percées dans la ligne medio-dorsale, d'un trou auquel on a donné le nom de siphon, parce que autour de ce trou la cloison se relève en avant en un petit tube cylindrique, court, plus ou moins étroit, qui, réuni sans doute avec celui de la cloison suivante par une partie membraneuse, constitue un canal prolongé dans toute l'étendue de la partie cloisonnée de la coquille, et constamment par analogie du moins, car on ne le reconnait pas toujours aisément dans la ligne médio-dorsale de la coquille, mais sans communication aucune avec les loges qu'il traverse. Cette disposition du siphon des ammonites, qui suffirait seule pour distinguer ces coquilles des nautiles, a été parfaitement décrite et figurée par M. Buckland dans sa Théologie géologique en 1836; mais nous pouvons assurer qu'elle nous avait été démontrée trois ans auparavant par M. de Roissy, nous aidant alors dans la classification des ammonites du Muséum.

La surface intérieure des ammonites est toujours lisse; mais il n'en est pas de même de l'extérieure ; en effet, c'est le plus rarement que ces coquilles le sont, et ne montrent que des stries d'accroissement plus ou moins marquées, ou très rarement des stries décurrentes ou longitudinales ; le plus ordinairement elles sont traversées par des rides transversales, plus ou moins épaisses, devenant des cordons, des barres, des côtes, enfin, qui, occupant le dos seulement ou les côtés du cône spiral, et se subdivisant plus ou moins en tubercules, en épines, en cornes, plus ou moins saillants, donnent à la coquille en totalité une forme tuberculeuse, épineuse ou même armée. Ces particularités, souvent spécifiques, étaient sans doute sensibles en creux à l'intérieur du test, puisqu'elles s'observent sur les entypes ou moules, par lesquels les ammonites nous sont souvent révélées.

La partie médio-dorsale du cône spiral des ammonites, ce qu'on nomme le dos ou la circonférence de la coquille dans son état d'enroulement, laquelle correspond au siphon intérieur, n'est pas non plus toujours lisse, ce qui dépend, dans le premier cas, de la forme du cône spiral, et, dans le second, de l'état de sa surface ; en effet, il peut être excavé, aplati, arrondi, aminci, tranchant, caréné, ou bien lisse ou hérissé d'une ou de deux séries de tubercules plus ou moins épineux.

De la disposition particulière du cône spiral, de son système d'enroulement, de l'état de sa surface, il résulte des formes distinctes : 1° de la coquille en totalité, qui peut être discoïde et plane, discoïde et lentilliforme ou phacoïde, épaisse, globuleuse, sphérique ; 2° de son dos, et par conséquent de la circonférence, qui peut être tranchant, caréné, crêté ou quillé, mince, atténué, épais, concave et même canaliculé ; 3° de ses côtés ou flancs, qui peuvent être presque tout à fait plats, légèrement excavés, infundibuliformes, sub-ombiliqués, ombiliqués, taraudés, consolidés ; ou bien à leur surface être lisses, striés, côtelés, cordonnisés, tuberculeux, hérissés, épineux ; d'où des dénominations particulières propres à la description comparative des ammonites, et par conséquent à la distinction des espèces.

De l'animal des ammonites et de ses rapports avec la coquille.

La science ne possède encore aucun fait qui puisse répondre directement à cet article, puisqu'on ne connaît pas encore d'ammonites à l'état récent, les prétendues cornes d'ammon des sables de Rimini n'ayant certainement aucun rapport avec les ammonites ; mais on peut induire quelque chose sur ce point, par analogie avec ce que nous connaissons de l'animal du nautile et de celui de la spirule.

Il est d'abord certain, comme l'avait justement présumé Bourguet, que l'animal des ammonites était renfermé en tout ou en partie dans la plus grande et dernière loge de la coquille ; qu'il y était attaché par un cordon musculo-cutané sortant de la terminaison supérieure de son dos, et s'attachant surtout à la périphérie du siphon de la première cloison, en se prolongeant dans le reste du canal ; qu'il était contenu dans une enveloppe musculo-cutanée ou manteau libre et épaissi sur ses bords en avant, comme dans les mollusques conchylifères, d'où l'on peut inférer que rien de la coquille n'était intérieur, et qu'alors elle était retenue par des muscles, comme dans les nautiles, et que ce manteau, dans sa partie postérieure, était assez atténué, aminci, pour permettre à l'ovaire ou au testicule, peut-être même au foie, de faire sentir à travers lui leur organisation racémiaire, et par suite de produire des cloisons persillées sur les bords, disposition qui devait aussi avoir pour résultat de faire adhérer plus fortement l'animal à sa coquille. Ce qui vient à l'appui de cette manière de voir, c'est que les persillures des cloisons n'ont pas toute la rigueur de symétrie qu'elles devraient avoir si les parties du derme qui les produisent n'étaient pas dominées par quelques viscères de la vie organique. Quoi qu'il en soit, ces cloisons, comme l'avait très bien senti Bourguet, sont dues à un temps d'arrêt intermittent, annuel peut-être, dans l'accroissement de l'animal. Celui-ci avance ainsi dans sa coquille, non peu à peu, mais par sauts plus ou moins étendus, s'accroissant assez régulièrement jusqu'à ce qu'il soit parvenu à l'état adulte, ou mieux à son plus grand degré de développement; c'est ce qui fait que les cloisons, qui au commencement de la spire étaient fort serrées, séparées par des loges allant graduellement en augmentant, s'écartent de plus en plus jusque vers un certain point, d'où elles vont ensuite, mais en petit nombre, en se rapprochant un peu jusqu'à la dernière, depuis la production de laquelle l'animal décroît plus ou moins lentement jusqu'à la cessation de sa vie. Ainsi s'explique assez bien le changement que la coquille éprouve dans sa partie antérieure et la formation de sa bouche terminale et définitive.

Quant à la partie antérieure de l'animal, nous devons supposer que les bords libres du manteau revêtant la portion du tronc constamment contenue dans la cavité de la coquille, devaient être pourvus d'appendices ou lobes propres à produire les tubercules ou épines, suivant les progrès de l'âge, croissant peu à peu jusqu'à un certain summum spécifique, pour décroître ensuite et même finir par disparaître, comme cela a généralement lieu dans les coquilles monothalames; mais pour la partie céphalique, le nombre, la forme des tentacules dont la tête était garnie, il est impossible de donner rien de positif, autrement que l'animal des ammonites devait posséder quelque moyen de ramper ou d'adhérer au sol, afin de contre-balancer la disposition aérostatique de la partie cloisonnée de la spire, qui tendait nécessairement à la faire flotter, comme aujourd'hui la spirule et le nautile, quand l'animal est mort.

Les ammonites étaient donc nécessairement des animaux de haute mer, comme Bruguières l'a justement fait observer pour soutenir la thèse que leurs coquilles peuvent très bien exister encore à l'état vivant; et ce qui semble à l'appui de cette manière de voir, c'est que depuis plus de trois cents ans que les nautiles et les spirules nous sont connus à l'état vivant, à peine, et malgré beaucoup de recherches spéciales, si on en a trouvé deux individus avec leur animal. Toutefois, il est convenable d'ajouter, contre l'opinion de Bruguières, que les coquilles de ces deux genres récents sont si loin d'être rares, qu'en certains endroits des îles de la Sonde et des îles Sous-le-Vent, en Amérique, elles sont accumulées en assez grand nombre sur le rivage pour gêner la marche, et qu'on ne voit pas pourquoi il n'en serait pas de même de celles des ammonites, s'il en existait encore de vivantes.

Des principes de la distinction spécifique et de la classification des ammonites.

Les ammonites envisagées sous ce rapport sont dans le cas de toutes les coquilles récentes, c'est-à-dire qu'elles présentent un certain nombre de variations qui tiennent au sexe, à l'âge et à quelques autres particularités extérieures; mais, en outre, l'état fossile sous lequel on les trouve constamment, ne les montrant que fort rarement complètes, le plus souvent à l'état de moule intérieur (entype) ou extérieur (ectype), et plus ou moins altérées par les circonstances mêmes qui nous en ont conservé les traces, on voit combien il est important, avant d'arriver à l'exposition et à la caractéristique des espèces, de peser ces différences.

Quoique l'animal des ammonites ne soit pas connu, l'analogie tirée de ce que nous savons du nautile ne nous permet pas de douter que les sexes ne fussent séparés sur des individus différents. Les femelles devaient donc avoir le ventre plus gonflé par les ovaires remplis d'œufs à une certaine époque : dès lors, la coquille et sa bouche devaient traduire ces différences par plus de grosseur et de renflement pour l'une, plus de largeur proportionnelle pour l'autre, chez les individus femelles que chez les individus mâles, le sperme de ceux-ci ne devant jamais atteindre autant de développement que les œufs fécondés de ceux-là.

L'âge devait aussi produire sur la coquille des ammonites le même effet qu'il a sur les coquilles monothalames, et l'on en trouve la preuve en étudiant tous les tours de spire d'un individu bien conservé et complet : on peut, en effet, remarquer que le système d'enroulement n'est pas tout à fait le même au commencement, au milieu et à la fin, surtout quand on approche de la bouche ou de l'orifice normal; ainsi, un peu moins serré dans les premiers tours, l'enroulement le devient insensiblement davantage jusque vers le plus grand diamètre du cône spiral et de la coquille, après quoi, dans l'état sénile, il se relâche un peu et finit par s'ouvrir et tendre à se redresser en se rétrécissant jusqu'à la bouche, qui elle-même doit offrir quelques différences suivant son état de perfection.

La forme générale et surtout l'état de la surface de ces tours de spire ne laissent pas aussi que de varier d'une manière notable avec l'âge, ce qui est, pour la première, assez en rapport avec le système d'enroulement plus ou moins serré.

Quant à l'état de la surface, quelquefois lisse dans le très jeune âge, elle devient plus ou moins tuberculeuse, et même épineuse, d'autres fois côtelée ou cordonnée d'une manière plus ou moins serrée, dans l'âge moyen, pour redevenir presque lisse dans l'âge adulte, et sénile, par exemple, dans l'*A. constrictus*.

Le nombre total des tours de spire varie aussi nécessairement et augmente avec l'âge; mais peu d'espèces nous sont complétement connues sous ce rapport.

On conçoit aussi très bien que les circonstances extérieures, dans leur ensemble ou dans quelques particularités, comme la quantité de la matière nutritive, le petit nombre d'ennemis, aient pu agir sur les ammonites, comme cela a lieu aujourd'hui sur des coquilles d'animaux vivants, de manière à déterminer des différences de développement ou de grosseur.

Enfin, comme dans beaucoup de coquilles récentes des circonstances inappréciables ont pu produire chez les ammonites de véritables monstruosités, dans lesquelles il y a eu disposition scalariforme régulière ou irrégulière, comme on en peut trouver un exemple, suivant nous, dans l'ammonite type du genre *Scaphite*, peut-être même dans les ***Ellipsostomes***; car on ne peut supposer que la fossilisation ait pu produire de telles irrégularités.

Mais c'est surtout l'état sous lequel les ammonites se présentent à l'observation qui met un obstacle presque insurmontable à une bonne spécification de ces coquilles. En effet, outre que ce ne sont le plus souvent que des fragments, et même des parties les moins caractéristiques, c'est-à-dire de jeune âge, ou les premiers tours de spire, il est extrêmement rare que la coquille elle-même en soit conservée; ce sont presque toujours des moules ou entypes, formés par l'introduction d'une matière dissoute ou suspendue, qui a pénétré par suite de rupture ou par imbibition des parois, et qui, en cristallisant ou en se serrant de plus en plus, a fini par former une série de noyaux articulés entre eux (***spondyli***), à l'endroit des cloisons, et enfin quelquefois une masse unique dans laquelle les traces de la périphérie des cloisons ne sont même pas toujours conservées. Alors il semble que ce soit un entype de coquille monothalame.

Ces entypes ne représentant que l'intérieur de la coquille, ne peuvent alors offrir que les particularités qui s'y trouvaient, c'est-à-dire la forme générale, la position du siphon, et surtout la disposition des bords ramifiés des cloisons.

M. de Roissy, qui s'est beaucoup occupé de ce sujet, pense cependant que certaines ammonites sont véritablement représentées par des ectypes, c'est-à-dire par des masses de matière minérale moulées dans une cavité laissée par une ammonite qui aurait entièrement disparu, et par conséquent ne traduisant que l'extérieur. Il cite à l'appui de cette opinion les ammonites à l'état calcédonieux du cap la Hève.

Des principes de la classification des ammonites.

Si les ammonites nous étaient connues d'une manière complète, c'est-à-dire les animaux aussi bien que les coquilles, les principes de leur classification ne seraient qu'une légère modification de ceux qui sont appliquables à toutes les parties de la zoologie et surtout à la conchyliologie; mais, bien loin qu'il en soit ainsi, nous ne connaissons pas même les coquilles d'une manière un peu satisfaisante, puisque ce ne sont pour les trois quarts que des moules, la plupart du temps fort incomplets. Il en résulte que tout ce qu'on a fait jusqu'ici, et peut-être, tout ce que l'on peut faire dans ce point de paléontologie, est encore plus artificiel que pour la conchyliologie en général, et qu'il ne peut réellement guère être considéré comme de la zoologie. Toutefois, voyons sur quoi repose la classification de ces corps naturels à l'état fossile; elle peut être établie sur la considération :

1° Du système d'enroulement, depuis le degré où les tours de spire se touchent seulement, et par conséquent sont complétement à découvert, jusqu'à celui où le dernier tour surtout s'accroît si rapidement en hauteur et en largeur, que tous les autres en sont complétement involvés et cachés; ou ils s'enroulent tout à fait dans le même plan, ou bien tendent à s'enrouler en spirale, c'est-à-dire plus d'un côté que de l'autre.

Cette considération n'est pas tout à fait sans valeur, puisque c'est elle qui a conduit pour les autres coquilles cloisonnées-siphonées à l'établissement des genres Turrulite, Scaphite, Globulite, Planites, pour les espèces à cloisons persillées, ou des genres Clymène, Spirule, Nautile parmi les espèces à cloisons simples; elle est d'ailleurs facile à observer, aussi bien sur le moule que sur la coquille, presque également au commencement, au milieu, comme à la fin. Malheureusement ce caractère se nuance d'une manière presque insensible, et de plus, il n'a sans doute aucune importance sur l'animal.

D'Acosta, de Lamark, M. de Haan, l'ont cependant employé pour l'établissement de plusieurs subdivisions génériques.

2° De l'état de la surface des tours de spire, lisse, longo ou lato-striée, treillisée, costulée, tuberculeuse, mamelonnée, épineuse : les côtes, les costules, les mamelons, les tubercules, les épines étant régulièrement disposés par rangées en nombre déterminé.

C'est encore un caractère facile à lire, qui se voit aussi bien sur la coquille que sur le moule; malheureusement il n'a pas absolument la même intensité à tous les âges, et par conséquent à tous les points de la surface de la coquille. Dès lors, il demande beaucoup de précautions et des échantillons bien choisis.

Il a été employé assez généralement par les anciens paléontologistes, quoique d'une manière incomplète, et c'est aussi celui que nous allons adopter en le régularisant dans notre travail sur les espèces dont va suivre l'exposition.

3° La rapidité ou la lenteur de l'accroissement du cône spiral, indépendamment de son système d'enroulement, considération qui peut fournir de bons caractères spécifiques, puisqu'il en résulte les formes générales dites : pain de bougie, phacoïde, excavée, infundibulée, ombiliquée, taraudée, consolidée, et parce qu'elle n'est pas sans influence sur la forme de la bouche.

4° La proportion des trois parties qui composent la circonférence d'une coupe du cône spiral, c'est-à-dire du ventre, des côtés ou flancs et du dos, presque égaux et sans aucune distinction, comme dans les ammonites ophidiformes, d'autres fois fort inégaux, les flancs, le dos ou le ventre étant les plus larges ou les plus étroits, convexes, planes ou même excavés, séparés à leur point de jonction par des angles ou carènes, lisses ou hérissés de tubercules ou même d'épines; considération qui marche assez bien avec celle qui va suivre, et avec celle de la forme de la bouche.

5° La considération seule du dos fournit aussi de fort bons caractères, si non de premier ordre, au moins de groupement d'espèces, suivant qu'étant tranchant et en crête, il devient successivement mince, puis convexe, arrondi, élargi, aplati, en finissant même par être excavé et canaliculé.

6° La forme de la bouche des ammonites serait sans doute de première importance, si les échantillons l'offraient plus souvent, ce qui est au contraire fort rare; on la remplace par celle d'une coupe du cône spiral à sa partie la plus élargie, et même, réduite à cela, elle fournit encore d'assez bons caractères spécifiques; toutefois, en ayant égard aux différences sexuelles qui la rendent plus ou moins resserrée ou patulée.

7° La position du siphon, quoique toujours dorsal dans le genre Ammonite, est cependant quelquefois presque extrà-dorsal, en ce qu'il peut être dans la carène, qui circonscrit le dos de la coquille, et alors sa forme au lieu d'être ronde devient ovalaire.

8° Enfin, la considération de la forme des cloisons à leur circonférence, et par suite des sutures que leur ablation a laissées à la surface des moules, a pris dans ces derniers temps une grande importance, d'abord parce qu'elle se trouvait dans la direction d'un des caractères principaux employés pour distinguer les nautiles des ammonites, et parce que MM. Reinecke, de Buch et de Munster en ont fait la base de la classification de celles-ci. Au fait, quoiqu'il se puisse que cette considération ne soit pas sans une valeur d'un degré assez élevé et supérieur à toutes les autres, ce qu'il est assez difficile de juger, zoologiquement parlant, puisque nous ne connaissons pas la relation de la particularité de l'animal déterminant celle de la coquille, on doit faire remarquer qu'elle devient presque purement paléontologique et géologique, puisqu'il n'est guère possible de lire ces formes différentielles que sur les moules et encore dans un certain état. Quoi qu'il en soit, la forme des sinuosités de la circonférence des cloisons, à la surface des moules d'ammonites, les a fait partager en espèces à cloisons pauci-sinueuses, multi-anguleuses, lobées ou persillées, suivant que les lobes étant entiers, ils sont peu marqués, arrondis ou anguleux, ou bien très marqués, simples, ou plus ou moins profondément divisés et subdivisés en feuilles de persil; mais il faut dans l'état actuel de la science, ne pas perdre de vue que le caractère principal des *ammonites* en général, en y comprenant les *goniatites*, les *cératites*, les *scaphites*, etc., ne repose plus essentiellement sur la complication des bords des cloisons, mais plus exclusivement sur la position du siphon rigoureusement médio-dorsal et saillant en avant de la cloison, au lieu d'être médian ou même subventral et saillant en arrière de celle-ci, comme dans tous les nautiles. En effet, M. de Munster a découvert dans ces derniers temps un groupe qu'il nomme *Clymène*, mais appartenant à ce dernier genre par la position et la direction du siphon, et dans lequel il a décrit des espèces dont les cloisons à leur périphérie sont plus tourmentées que dans certaines goniatites, toutefois avec la particularité caractéristique que la ligne sinueuse commence toujours au dos par une sinuosité saillante en avant ou *selle*, au lieu d'une saillante en arrière ou *lobe*, comme dans toutes les ammonites. Nous devons aussi prévenir que les clymènes qui appartiennent toutes au terrain de transition, présentent la plupart des formes extérieures que l'on a signalées chez les ammonites; en sorte que plusieurs d'entre elles avaient pu être d'abord rangées dans ce dernier genre parmi les goniatites.

On voit donc combien le sujet de la distinction et de la classification rationnelle ou zoologique des ammonites est délicat et demande de précautions et de matériaux difficiles à réunir. Aussi quoique la classification proposée par M. de Buch soit assez loin de comprendre toutes les espèces d'ammonites connues, nous allons en donner un aperçu pour montrer comment elle pourra se rattacher à la nôtre, d'après le principe qui nous a toujours dirigé en zooclassie et que Reinecke a reconnu pour les ammonites en disant : ***Externa semper ad internum digitum intendunt.***

I. Les Goniatites, de Haan.

II. Les Cératites, de Haan.

III. Les Arietes. Lobes : dorsal aussi profond que large; latéral-supérieur aussi large que long, et n'atteignant pas la moitié de la longueur du premier; latéral-inférieur plus large que long.

Selles : latérale s'enfonçant bien plus loin que les autres, à moitié au delà de la selle dorsale; ventrale n'atteignant pas la moitié de la latérale.

Coquille ayant le dos pourvu d'un cordon contenant le siphon, et les flancs garnis de côtes simples assez saillantes, recourbées en avant.

A. Bucklandi (type); *Conybeari; Brochii; rotiformis; Smithii; Kridion.* (Du lias exclusivement, et surtout de ses assises inférieures.)

IV. Falciferi. Les lobes, en général étroits, très dentelés, beaucoup plus que les selles presque également profondes, et ayant une tendance à se diriger vers l'ouverture ou en avant.

Lobes : dorsal plus court que le latéral-supérieur, avec les bras divergents.

Coquille à dos aigu, caréné et à flancs traversés par des stries et des rides en forme de faux très recourbée.

A. serpentinus (type); *Murchisonæ; depressus; Strangwaysi; fonticola; radians; Walcotii.* (De la partie supérieure du lias, et des couches inférieures du calcaire jurassique.)

V. Amalthæi. Lobes et selles profondément dentelés, et brachidés ou multifides.

Lobes : dorsal plus court que le lobe latéral supérieur, très large, autant que profond, ainsi que l'inférieur.

Coquille carénée, striée sur les flancs; les stries très longues, découpant la carène.

A. Amalthæus (type); *costulatus; concavus; excavatus; alternans; costatus; Greenoughii; colubratus; cordatus; Lamberti; omphalodes.* (Depuis le lias jusqu'auprès de la craie.)

VI. Capricorni. Lobes : dorsal étroit et longitudinal; latéraux, moins profonds que larges.

Coquille à tours de spire peu enveloppants, à dos large, traversée de côtes très prononcées, toujours simples, même sur le dos, sans tubercules ni épines.

A. capricornis; angulatus (type); *scutatus; natrix; planicostatus; fimbriatus.*

VII. Planulati. Lobes : dorsal, tantôt plus long et tantôt plus court que le latéral-supérieur; latéraux munis de bras très étendus et divergents; 2- 3-auxiliaires et obliquement dirigés vers la région dorsale.

Coquille à dos arrondi, très aplatie sur les flancs, marqués de stries, plus fortes à leur origine qu'à leur terminaison.

A. polyplocus; polygyratus; mutabilis; triplicatus (type); *plicatilis; giganteus; costulatus; biplex; bifurcatus; Parkinsonii.* (Du lias, mais surtout des parties supérieures de l'oolithe.)

VIII. Dorsati, intermédiaire à VII et à IX.

Coquille discoïde, dont le dos, plus étroit que les flancs, en est séparé à angle droit par une rangée de simples tubercules, d'où partent des stries qui le traversent.

A. Davœi; armatus; subarmatus; fibulatus; Brodiei.

IX. Coronarii. Lobes : dorsal plus long que le latéral-supérieur, et placé constamment au-dessus de la rangée de tubercules qui couronne la coquille; latéral-inférieur au-dessous; accessoires comme dans les *Planulati.*

Coquille profondément ombiliquée, à dos large et déprimé, traversé par des côtes aiguës, saillantes, partant de tubercules, qui le séparent des flancs, moins larges que lui.

A. Blagdeni; contractus; anceps; dubius; humphresianus, gowerianus (type); *Brackenridgii; Bechii.* (De l'oolithe moyen.)

X. Macrocephali. Lobes : latéral-supère situé en face du ventral; latéral-infère au-dessus de l'arète interne des flancs; ventral très grand, divisé en deux bras divergents, et accompagné de deux lobes auxiliaires.

Coquille dont l'enroulement des tours de spire devient extrêmement rapide, ceux-ci s'accroissant beaucoup en largeur, le dos et les flancs se réunissant insensiblement en demi-cercle parfait.

A. tumidus; Herveyi; nutfieldensis; Brochii; sublævis (type); *inflatus; Banksii; lewesiensis; Brongniartii.*

XI. Armati. Lobes : dorsal un peu plus avancé que le latéral-supère, fort étroit; latéral-infère très petit.

Selles : dorsale fort large, tout à fait plane, ayant dans son milieu un lobe secondaire aussi développé que le lobe latéral-infère.

Coquille à dos déprimé, souvent plus large que les flancs dont il est séparé par une arète presque à angle droit, et qui sont armés de plusieurs rangées longitudinales de tubercules.

A. perarmatus (type); *Backeriæ; longispina; Matelli; monile; rhotomagensis; hippocastanum; Woolgari; Birchii.* (Des couches supérieures de l'oolithe et de la craie.)

XII. Dentati. Lobes : dorsal un peu moins avancé que le latéro-supère.

Coquille élégante, à dos plat, étroit, dentelé à ses angles; à flancs larges presque parallèles, marqués de stries nombreuses, bifurquées vers le milieu.

A. dentatus (type); *Jason; Duncani; calloviensis; splendens.* (Des parties les plus récentes du terrain oolithique.)

XIII. Ornati. Lobes : latéro-supérieur s'avançant entre les deux rangées de tubercules supérieurs de la coquille, et le latéral-inférieur au-dessous du troisième rang.

Coquille à coupe hexagone, à dos étroit, bordé de dentelures ou tubercules, avec une seconde série vers le milieu des flancs, et une troisième au-dessous.

A. Castor; Pollux; pustulatus; varians. (De l'oolithe supérieur et de l'Oxford-clay, etc.)

XIV. Flexuosi. Lobes : dorsal bien plus court que le latéro-supère.

Coquille à dos saillant, découpé en une série de tubercules, au milieu de deux séries de dentelures; avec des stries latérales bifurquées au-dessous de leur moitié, et se fléchissant fortement en avant.

A. flexuosus; asper (type); *falcatus; curvatus.* (Des calcaires supérieurs, au-dessous de la craie.)

La classification des ammonites, que j'ai suivie pour leur arrangement dans la collection du Muséum d'histoire naturelle de Paris, et que j'exposerai ici, repose d'abord sur la considération des cloisons, envisagées dans leur forme générale, comme l'a fait M. de Haan pour la distinction des goniatites, des cératites et des ammonites; mais ensuite dans chacun de ces groupes, et surtout pour celles-ci, qui paraissent être infiniment plus nombreuses, j'ai abandonné la considération de la multiplicité des sinuosités, lobes et lobules, rétroverses et antéroverses, et de leur proportion, comme trop difficiles d'application, mais surtout comme étant trop rarement perceptibles sur les ammonites, telles qu'elles sont généralement dans nos collections; et alors j'ai essayé, en ne considérant que l'extérieur, d'arriver à les ranger dans un ordre facile de conception et d'application. C'est essentiellement, non pas le système plus ou moins serré d'enroulement du cône spiral, ni même sa forme générale, d'où résulte la forme de la coquille, qui m'ont guidé, mais bien les particularités de la surface extérieure de la coquille, depuis les plus plissées jusqu'aux plus lisses. Alors, commençant par les espèces chez lesquelles les plis sont les plus gros, les plus uniformes, les plus grossiers, en cordons transverses, je suis descendu successivement par celles qui n'ont plus que des côtes, puis des côtes et des costules, bien marquées, dorso-transverses d'abord, puis arrêtées par l'angle du dos, d'abord simplement caréné, puis doublement caréné, puis excavé ou canaliculé dans son milieu, puis, au lieu de cela, ce que j'ai nommé *quillé*, c'est-à-dire pourvu d'un cordon saillant plus ou moins distinct au lieu d'un canal; et enfin, les angles s'abattant, la quille s'est convertie en une carène, et alors les coquilles ont perdu peu à peu leurs côtes, leurs costules, et encore mieux les tubercules qui les renflaient à leur origine et à leur terminaison, ou sont devenus de plus en plus lisses et généralement lentilliformes ou phacoïdes, forme autant opposée que possible à celle des espèces qui commencent la série, et qui sont en effet ophioïdes ou colubriformes.

Dans cette espèce de série, bien incomplète sans doute, j'ai ensuite essayé de former des coupes plus ou moins tranchées, assez définies, pour que j'aie pu leur donner des noms tirés de la particularité caractéristique, ce qui est toujours préférable en nomenclature rationnelle à ceux tirés d'abord d'une espèce type.

C'est ainsi qu'a été formé l'essai de distribution des ammonites de la collection du Muséum, dont je vais donner la liste, en y comprenant par une phrase caractéristique les espèces que j'ai supposées nouvelles, et en y intercalant la plus grande partie de celles dont j'ai pu me procurer des figures; et cependant, sans beaucoup m'occuper de synonymie, quoique je puisse invoquer le secours d'un excellent conseiller et ami, M. Félix de Roissy, qui depuis longues années s'occupe de tout le groupe des coquilles cloisonnées, et qui n'a jamais refusé à personne, et à moi moins qu'à tout autre, les résultats de sa longue expérience à ce sujet.

I. *Espèces à cloisons non persillées, et plus ou moins anguleuses à leur périphérie :*

Genre Goniatites, de Haan (1).

1. *Espèces dont les lobes sont simples, faiblement courbés et arrondis; entièrement involvées.*

Ammonites Verneuillii, de Munster, II, p. 17, tab. 3, f. 9 *a b c*. (De Gattendorf, dans le calcaire à Clymène.)

---

(1) De Haan, *Monogr. Ammonitearum et Goniatiteorum specimen*, p. 159, in-8°; *Lugduni Batavorum*, 1825. — De Buch, *Uber Goniatiten*, Acad. de Berlin, XVI p. 152, 1832 pour 1831. — De Munster, *Sammlung von Goniatiten*, Beyreuth, 1832, traduit: Ann. Sc. nat., 2e série, II, p. 78, pl. 3 à 6. — *Id.*, *Nachtrag zu den Goniatiten des Fichtelgebirgs*, in *Beitrage zur Petrefacten-Kunde*, in 4°, 1839.

Ammonites ovatus, *id.*, I, p. 18, tab. 4, f. 1. (De Gattendorf.) — *A. ovatus*, Sowerby, pl. 37. (Cork.)
— *subpartitus*, *id.*, II, p. 18, n. 3. (De Gattendorf, dans le calcaire à Clymène.)
— *petræus*, *ib.*, *ibid.*, n. 4. (De Gattendorf, dans le calcaire à Clymène.)
— *subevexus*, *id.*, *ibid.*, n. 5. (Du Marmorbruch, près Naila, dans le terrain cambrien.)
— *angustiseptatus*, *id.*, I, p. 18. (Du marbre de Dürrewaid.)

2. *Espèces dont les lobes sont pointus ou linguiformes.*

A. *Entièrement involvées.*

* *Avec un seul lobe latéral pointu, infundibuliforme.*

Ammonites undulosus, *id.*, I, p. 20, tab. 4, f. 3. (De Gattendorf, près de Hof.)
— *sublævis*, *id.*, *idib.*, f. 2. (De Gattendorf, et du calcaire de transition de Schleitz.)
— *globosus*, *id.*, *ibid.*, f. 4. (De Gattendorf, près de Hof.)
— *subglobosus*, *id.*, II, p. 19, n. 10. (De Gattendorf, dans le Clymène-kalk, près de Hof.)
— *sublinearis*, *id.*, I, p. 22, tab. 5, f. 1. (De Gattendorf, près de Hof.)
— *subsulcatus*, *id.*, *ibid.*, p. 23, tab. 5, f. 7. (De Schumer et de Gattendorf.)
— *quadripartitus*, *id.*, II, p. 19, n. 14. (De Gattendorf.)
— *sulcatus*, *id.*, I, p. 22, tab. 5, f. 7. (De Schubelhammer.)
— *divisus*, *id.*, *ibid.*, p. 21, tab. 4, f. 6. (De Gattendorf et de Geigen.)
— *tripartitus*, *id.*, II, p. 20, n. 17. (De Schubelhammer.)
— *umbilicatus*, *id.*, *ibid.*, n. 18. (De Gattendorf.)
— *striatus*, *id.*, *ibid.*, n. 18. (De Schubelhammer, dans le Clymène-kalk noir.)
— *striatulus*, *id.*, *ibid.*, n. 20. (Même localité.)
— *hybridus*, *id.*, I, p. 19, tab. 3, f. 6. (Marbre rouge de Hurtigwagen, près Gerlas, aux environs de Geroldsgrunn.)
— *planidorsatus*, *id.*, p. 21, n. 22, tab. 3, f. 7 *a b c*. (De Gattendorf.)

** *Avec deux lobes latéraux.*

Ammonites subbilobatus, *id.*, *ibid.*, n. 23, tab. 17, f. 1 *a b c*. (De Gattendorf.)
— *Munsteri*, de Buch., *Goniat.*, tab. 5, f. 3. (De Schubelhammer.)
— *orbicularis*, de Munst., I, p. 26, tab. 5, f. 4 *a b c*. (De Schubelhammer.)

Ammonites contiguus, *id.*, *ibid.*, p. 26, tab. 3, f. 8. (De Schubelhammer.)

— *Bronnii*, *id.*, II, p. 22, n. 27. (De Gerlas.)

B. *Non entièrement involvées.*

* *Avec un seul lobe latéral.*

Ammonites subinvolutus, *id.*, II, p. 23, n. 28, tab. 17, f. 2. (De Gattendorf.)

** *Avec deux lobes latéraux.*

Ammonites Beaumontii, *id.*, *ibid.* (De Gattendorf.)

— *clymeniæformis*, *id.*, *ibid.*, p. 24, n. 30, tab. 17, f. 1. (De Gattendorf.)

*** *Avec trois lobes latéraux.*

Ammonites Preslii, *id.*, *ibid.*, n. 31, tab. 17, f. 3. (De Schubelhammer.)

— *Cottai*, *id.*, *ibid.*, p. 25, n. 32. (Même lieu et terrain.)

— *subcarinatus*, *id.*, *ibid.*, n. 33, tab. 18, f. 1. (Même lieu et terrain.)

— *canalifer*, *id.*, *ibid.*, p. 26, n. 34, tab. 18, f. 2. (De Schubelhammer.)

— *spurius*, *id.*, p. 27, n. 35. (D'Elbersreuth et de Schubelhammer.)

— *subarmatus*, *id.*, *ibid.*, p. 28, tab. 6, f. 2. (De Schubelhammer.)

— *planus*, *id.*, *ibid.*, p. 30, f. 4. (De Schubelhammer.)

— *Romeri*, *id.*, II, p. 27, n. 38, tab. 18, f. 3. (De Schubelhammer, dans le Clymène-kalk.)

— *arquatus*, *id.*, *ibid.*, n. 39, f. 4. (De Schubelhammer.)

— *angustus*, *id.*, *ibid.*, p. 28. (Même lieu et terrain.)

— *Bucklandii*, *id.*, *ibid.*, n. 41, tab. 18, f. 5. (Même lieu et terrain.)

— *speciosus*, *id.*, I, p. 37, tab. 2, f. 1 et 2; p. 28, tab. 26, f. 6. (*Ibid.*)

**** *Avec quatre lobes latéraux.*

Ammonites intermedius, *id.*, II, p. 29, tab. 18, f. 7 *d.* (De Schubelhammer.)

— *maximus*, *id.*, *ibid.*, p. 30, tab. 18, f. 6. (Du Fichtelgebirgs, de Schubelhammer.)

C. *Espèces douteuses.*

Ammonites compressus, *id.*, p. 33. (Même localité.)

— *gracilis*, *id.*, *ibid.*, p. 33. (Marbre gris de Schwarzenbach am Wald.)

— *cinctus*, *id.*, II, p. 31, n. 47. (De Schubelhammer.)

— *pauciseptatus*, *id.*, *ibid.*, p. 38, n. 48. (D'Ebelsreuth, dans le calcaire à orthocères.)

Ammonites spirulæformis, *id.*, *ibid.*, n. 49. (Des mêmes lieux.)
— *obscurus*, *id.*, *ibid.*, n. 60. (Du Marmorbrüch des Fichtelgebirgs.)

Les espèces de goniatites que nous venons d'énumérer, d'après M. de Munster, sont toutes d'Allemagne et même du Fichtelgebirgs exclusivement : voici maintenant celles qui sont d'autres contrées d'Europe, mais surtout d'Allemagne, d'Angleterre et de Belgique, d'après la monographie de M. de Buch, faite en 1832, et parmi lesquelles se trouvaient deux espèces qui ont été reconnues depuis pour n'être pas des ammonites, mais des nautilites de la division des clymènes de M. de Munster. (*Voy.* Nautile.)

Goniatites à lobes arrondis.

Ammonites expansus, de Buch, Gon., trad. franç., pl. 1, f. 1-2. (Du mountain limestone du Derbyshire, en Angleterre.)
— *evexus*, *id.*, *ibid.*, f. 3-4-5. (Calcaire de transition de l'Eiffel, en Allemagne.)
— *Nocggerati*, Goldf.; de Buch, pl. 1, f. 6-7-8. (Des ardoisières de Wissenbach.)
— *subnautilinus*, Schloth.; de Buch, Monogr., *ibid.*, f. 9-10-12. (De l'argile schisteuse de Wissenbach.)
— *primordialis*, Schloth., Pétréf., i, pl. 9, f. 2 *a b*. (Du calcaire de transition dans le Hartz.)

Goniatites à lobes anguleux et à lobe dorsal simple.

Ammonites Henslowi, Sowerby; Buckl., *Geol.*, pl. 40, f. 1. (Du calcaire de transition de l'île de Man.)
— *Becheri*, Goldfuss; de Buch, Monogr., pl. 2, f. 2. (Du terrain de grauwacke, à Eibach.)
— *Hœninghausii*, de Buch, Monogr., pl. 2, f. 3. (De la grauwacke de Benberg, près Cologne.)
— *simplex*, de Buch, Monogr., pl. 2, f. 8. (De Rammelsberg, près Goslas.)
— *multiseptatus*, de Buch, Monogr., pl. 2, f. 6. (De l'Erfit?)

Goniatites à lobes anguleux et à lobe dorsal divisé.

Ammonites Listeri, Martin; Sowerby, v, 163, tab. 501, f. 1. (Du calcaire de transition du Derbyshire et de la houille.)
M. de Buch rapporte à cette espèce l'ammonite que les indiens révèrent sous le nom de *Salagramans*.
— *carbonarius*, Goldfuss; de Buch, pl. 2, f. 9. (Des mines de houille de la Westphalie, de Liége, et du calcaire de transition de Namur.)

Ammonites sphæricus, Martin ; Sowerby, I, p. 116, tab. 53, f. 2. (De Choquier, près Liége, où elle forme des couches entières ; de Visé et du comté de Derby, en Angleterre.)
— *speciosus*, Munster ; de Buch, Monogr., pl. 2, f. 7. (Du même terrain.)
— *retroversus*, de Buch, Monogr., pl. 2, f. 13. (Du fer oligiste de Marsenberg, pays de Waldeck.)

II. *Espèces à cloisons sinueuses ou lobées; les lobes un peu déchiquetés :*

Genre Ceratites, de Haan (1).

a.) *Dos épais et armé.*

Ammonites nodosus, Brug., Encycl. méth., n° 22 ; Zieten, pl. 2, f. 1. (Du muschel-kalk, en Allemagne.)
— *radiatus*, Brug., Encycl. méth., n° 21. (De Suisse.)
— *cinctus*, de Haan, *Monogr.*, p. 157, n° 3.

b.) *Le dos tranchant.*

Ammonites bipartitus, Denys Montfort, Conchyl. syst., I, p. 83. (Du muschel-kalk, en Allemagne et à Lunéville.)

III. *Espèces à cloisons plus ou moins persillées :*

Genre Ammonites (2).

A. *A côtes simples, épaisses, égales, dorso-transverses.*

Les Amm. cerclées.

Ammonites latæcostatus, Sowerby, VI, p. 106, tab. 556, f. 2.
— *planicostatus*, Sowerby, I, p. 167, tab. 73. (Du lias, en Angleterre, Allemagne.)
— *frontalis*, De Bv. Nouvelle espèce du Muséum de Paris. Discoïde assez aplatie, à dos subcarré, dont les tours au tiers involvés, sont traversés par des côtes épaisses arquées vers l'angle dorsal, se réunissant sur le dos sans dilatation sensible ; établie d'après deux

(1) *Loc. cit.*, p. 157.

(2) Reinecke, *Maris protogæi Nautilos et Argonautas vulgò Cornua-Ammonis in agro coburgico reperiundos descripsit et delin.* ; in-12, *Coburgi*, 1818. — Sowerby, *Mineral conchology*. — De Haan, *loc. cit.* — De Buch, Ann. Sc. nat., XVII, 267, pl. 11. — *Id.*, *ibid.*, XVIII, 417, pl. 6 (Distribution des ammonites en familles), 1829. — *Id.*, *Uber die Ammoniten in den alteren Gebirgs-schicten*, Acad. de Berlin, XVI, 135, pl. 1 à 5 (analysé ci-dessus, p. 138), 1832 pour 1830 ; traduit : Ann. Sc. nat., XXIX, 5, pl. 1 à 5. — Buckland, *Geolog. and mineral*, 1836.

petites ammonites, à l'état de moule ferrugineux provenant du département de la Lozère.

Ammonites funatus, Sowerby, I, p. 82, tab. 52.

— *Jamesonii*, Sowerby, VI, p. 105, tab. 516, f. 1. (Du lias, en Angleterre, Écosse, Hébrides.)

— *navicularis*, Mantell ; Sowerby, VI, p. 105, tab. 555, f. 2. (De la partie inférieure de la craie.) C'est bien certainement l'*A. lœvicosta* de M. de Lamark.

— *Mantellii*, Sowerby, I, p. 119, tab. 55. (De la craie et du grès vert, en Angleterre, en France et en Allemagne.)

— *nutfieldensis*, Sowerby, II, p. 11, tab. 108, f. 3. (De la craie, près Calm.)

— *colubratus*, Denis Monfort, I, p. 82.

— *divisus*, Schlotheim ; de Haan, p. 147, n. 8. (Localité?)

— *cinctus*, de Haan, p. 129, n. 62. (Localité?)

— *Listeri*, de Haan, p. 93, n. 27. D'après Lister, *Synops.*, tab. 1045.

— *platynotus*, Reinecke, tab. 4, f. 41-42. (Staffelberg.)

— *brevispina*, Sowerby, VI, p. 106, tab. 556, f. 1.

— *dubius*, Schloth., 14.

— *uniserialis*, de Bv. Coquille de la collection du Muséum de Paris, costée et costulée, remarquable par les grosses côtes tranchantes, dont le dos est traversé, avec un rang d'épines comprimées à la racine des costules. (Patrie et terrain inconnus.)

B. *Espèces épaisses et arrondies à la circonférence ; à tours de spire traversés par des côtes pliciformes, se divisant en costules fines, ordinairement au nombre de deux, et constamment dorso-transverses :*

Les Amm. bicostulées.

Disposées suivant que le système d'enroulement se serre de plus en plus, ou par conséquent en marchant des *Planites* aux *Globites* ou *Globulites*.

Ammonites giganteus, Sowerby, II, p. 15, tab. 126. (Du coral-rag, oolithe inférieur, lias, en Angleterre et en France.)

— *annulatus*, Sowerby, pl. 222. (Du lias et oolithe inf., en Angleterre, en France et en Allemagne.)

— *biplex*, Sowerby, pl. 293, f. 1-2. (De l'argile d'Oxford jusqu'au lias, en Écosse, en Angleterre, en Allemagne et en B.-Normandie.)

— *triplicatus*, Sowerby, III, p. 16, tab. 92, f. 2. (De l'oolithe moyen et inférieur, en Angleterre, en Basse-Normandie et en Allemagne.)

— *rotundus*, Sowerby, III, p. 169, tab. 293, f. 3. (De l'oolithe inférieur, en Angleterre, en Allemagne et en Basse-Normandie.)

Ammonites cingulatus, de Haan, n. 28, d'après Lister, *Syn.*, tab. 1046. (Localité?)

— *Brackenridgii*, Sowerby, II, p. 197, tab. 184. (Oolithe d'Angleterre, de France et d'Allemagne.)

— *annularis*, Reinecke; Zieten, pl. 10, f. 10. (De l'oolithe inférieur des environs de Bristol; de Basse-Normandie et d'Allemagne.)

— *Davœi*, Sowerby, IV, p. 91, tab. 350. (Du lias, comté de Dorset; d'Allemagne et de France orientale.)

— *furcatus*, de Bv. Nouvelle espèce de la collection du Muséum de Paris, fort rapprochée de l'*A. bifidus*, dont elle diffère surtout parce que ses costules tranchantes sont plus longues, et en partie visibles dans les tours internes. (D'après un moule pyriteux. Argile d'Oxford ; Calvados.)

— *obliquus*, de Bv. Nouvelle espèce de la collection du Muséum de Paris. Costée et costulée, remarquable par la grande obliquité des côtes et des costules, traversant des tours de spire du reste assez aplatis. (Du calcaire oolithique ferrugineux de Bayeux.)

— *abruptus*, Stahl.; Zieten, pl. 10, f. 2. (Oolithe d'Eybach, en Wurtemberg.)

— *plicomphalus*, Sowerby, pl. 359 et 404. (De l'argile de Kimmeridge et d'Oxford, en Angleterre et en Basse-Normandie.)

— *retroversus*, de Bv. Nouvelle espèce de la collection du Musée de Paris, voisine de l'*A. angulatus;* remarquable parce que ses côtes et costules sont obliques en arrière.

— *multicostulatus*, de Bv. Nouvelle espèce de la collection du Muséum de Paris, remarquable par le grand nombre des côtes et des costules, qui sont pour ainsi dire linéaires. (De l'oolithe moyen.)

— *plicatilis*, Sowerby, II, tab. 166. (Angleterre; Haute-Saône; Randen.)

— *tricostulatus*, de Bv., Muséum de Paris.

— *trifurcatus*, Zeiten, tab. 3, f. 40-46. (Oolithe du Wurtemberg.)

— *coarctatus*, de Bv. Nouvelle espèce de la collection du Muséum de Paris, faisant passage aux latidorses, et établie d'après plusieurs moules provenant des Ardennes. Offrant des espèces de rétrécissements d'espace en espace.

— *polygyrus*, de Bv. Nouvelle espèce de la collection de M. Puzos, caractérisée par un grand nombre de tours (8), s'accroissant assez peu rapidement, involvés au tiers, et traversés par des côtes nombreuses, serrées, se partageant vers le tiers de leur longueur en deux costules dorso-transverses. (Du calcaire oolitique de Bayeux.)

— *dichotomus*, de Bv. Nouvelle espèce voisine de l'*A. rotundus*, dont elle diffère parce que les tours de spire, qui s'accroissent plus rapidement, sont plus comprimés, plus larges et traversés par des costules régulièrement bifides. (D'après un moule pyriteux.)

Ammonites bifidus, Bruguières, II, p. 10, tab. 107, fig. 2, 3. (Du lias, à Witbay.)

— *angulatus*, Sowerby, II, p. 9, tab. 107, f. 1. (Du lias, en Angleterre et en Allemagne.)

— *interruptus*, de Bv. Nouvelle espèce de la collection du Muséum de Paris, remarquable parce que ses tours de spire, arrondis, assez peu involvés, costés et bicostulés, sont interrompus deux fois par un étranglement, indice de repos dans le développement de la coquille. La bouche est auriculée. (D'après un moule ferrugineux; argile d'Oxford; Calvados.)

— *subinterruptus*, de Bv. Nouvelle espèce de la collection de M. de Lamarck, fort voisine de l'*A. interruptus*, dont elle diffère surtout parce que les costules dorsales se portent beaucoup moins en avant. (D'après un moule de calcaire à oolithes ferrugineux, probablement de Bayeux.)

— *contiguus*, de Bv. Nouvelle espèce de la collection du Muséum de Paris, costée et costulée, remarquable parce que ses tours de spire se touchent seulement.

— *palmiferus*, de Roissy. Espèce que M. de Roissy a distinguée depuis assez longtemps à cause de la disposition palmée de ses costules. (De Russie.)

— *trifurcatus*, Reinecke, p. 23; Zeiten, pl. 3, f. 4. (Du terrain oolithique d'Allemagne.

— *Herveyi*, Sowerby, II; tab. 195, p. 215. (De l'oolithe inférieur, d'Angleterre, d'Allemagne et de Suisse.)

— *tumidus*, Reinecke, p. 21, tab. V, fig. 47, 48.

— *macrocephalus*, Schloth. (Du coral-rag, argile d'Oxford, d'Angleterre, d'Allemagne, de Basse-Normandie.)

— *Gervilii*, Sowerby, pl. 184 *bis*; A. Defrance, Diction. Atlas; *Orbulites striatus* de Lamarck, VII. (De l'oolithe inférieur de la Basse-Normandie.)

— *Brongnartii*, Sowerby, II, tab. 184 *bis* A? f. 2, 3. (De l'oolithe inférieur de Basse-Normandie.)

— *platystomus*, Reinecke, p. 81, pl. 7, f. 60. (De Langheim.)

C. *Espèces à dos généralement arrondi, mais à flancs déclives vers lui, à côtes et costules dorso-transverses :*

Les Amm. compressidorses.

Ammonites Lamberti, Sowerby, III, p. 74, tab. 242, f. 3. (Argile de Speeton; argile d'Oxford; Calvados.)

Ammonites polyplocus, Reinecke, n° 7. (Du calcaire jurassique d'Allemagne.)

— *striolaris*, Reinecke, n° 24, tab. 6, f. 52, 53. (Eybach, en Wurtemberg.)

— *omphalodes*, Sowerby, III, p. 74, tab. 242, f. 5. (De l'oolithe supérieur à Westmouth ; de l'argile d'Oxford en Normandie.)

— *gracilicosta*, de Bv. Nouvelle espèce de la collection du Muséum de Paris ; elle diffère des espèces de cette section surtout parce que le dos est terminé par une surface plane, crénelée sur les angles et sur la longueur, et par la gracilité de ses costules. (D'après deux moules pyriteux provenant du département de la Drôme.)

— *Leachii*, Sowerby, tab. 242, f. 14. (De l'oolithe supérieur en Angleterre.)

— *tricostulatus*, de Bv. Nouvelle espèce du Muséum de Paris, très distincte par son aplatissement, le pincement de ses tours de spire vers le dos, au contraire de la saillie du bord interne, ce qui produit un enfoncement considérable à la suture. Du reste, les côtes dans les tours intérieurs sont assez comprimées, cristiformes et épineuses à leur terminaison. (D'après un moule calcaire d'origine inconnue.)

— *acuticostatus*, de Bv. Autre espèce du Muséum de Paris, remarquable en ce que ses côtes et ses doubles costules sont bien plus distinctes, plus nettement séparées que dans aucune espèce de cette section, et sont, pour ainsi dire, tranchantes.

— *Kœnigii*, Sowerby, pl. 263, fig. 1, 2, 3. (Du lias, en Écosse, Hibord, Allemagne.)

— *binus*, Sowerby, I, p. 208, tab. 92, fig. dict. (De l'argile plastique, comté de Norfolk.)

— *catillus*, Sowerby, VI, p. 123, tab. 564, f. 2. (Du grès vert supérieur, Sussex.)

— *cinctus*, Sowerby, VI, p. 122, tab. 504, f. 1.

— *planula*, Scholth., tab. 7, f. 3. (Donzdorf.)

— *discus*, Reinecke, p. 60, n° 6, f. 11-12. (De Staffelberg et de Langheim.)

— *decipiens*, Sowerby, III, p. 169, tab. 293, f. 3. (Solenhofen ; Calvados.)

— *longicostulatus*, de Bv. Nouvelle espèce de la collection de M. Michelin, un peu déclive sur ses flancs ; ceux-ci traversés de côtes rares, distantes, tuberculiformes, de chacune desquelles partent trois costules se réunissant en ogives sur le dos. (D'après un moule calcaire d'origine inconnue.)

— *triplocus*, de Bv. Nouvelle espèce à tours de spire élevés, comprimés, un peu en toit, et traversés par des côtes fort courtes, de chacune desquelles naissent trois costules assez épaisses.

Ammonites macroplocus, de Bv. Nouvelle espèce dont le dos est encore arrondi, subalterné et dont les tours de spire, peu nombreux, sont relevés par des côtes nombreuses, serrées, s'épaississant sur le dos, où elles sont transverses. (D'après un moule de l'oolithe ferrugineux, de la collection de M. Michelin.)

— *diopsis*, de Bv., Muséum de Paris.

D. *Espèces à dos en général fort épais, et droit; à côtes et costules dorso-transverses; celles-là courtes, tuberculeuses ou épineuses à leur origine et à leur terminaison :*

Les Amm. latidorses.

Ammonites heterometra, de Bv. Nouvelle espèce du Muséum de Paris, singulière en ce que, très épaisse dans sa moitié postérieure, avec indice de quelques gros tubercules, elle devient lisse et bien plus étroite dans le reste. (D'après un moule de calcaire jurassique de Luçon, département de la Vendée.)

— *dilatatus*, de Bv. Espèce subglobuleuse, assez largement ombiliquée, à tours de spire très déprimés, s'accroissant si rapidement qu'ils semblent se dilater, la coupe terminale est très surbaissée et transverse : il y a des côtes peu nombreuses, et des costules dorso-transverses.

— *sublævis*, Sowerby, I, tab. 54. (De l'oolithe moyen, en Angleterre.)

— *infundibulum*, de Bv. Nouvelle espèce de la collection du Muséum de Paris, remarquable parce qu'il n'y a pas plus de costules que de côtes, et que l'ombilic est en entonnoir.

— *umbilicaris*, de Bv. Petite espèce du Muséum de Paris, fortement involvée, ombiliquée, à dos très large, traversé par des costules nombreuses, longues, naissant trois à trois de tubercules obsolètes.

— *contractus*, Sowerby, V, p. 162, tab. 500, f. 2.

— *coronatus*, Schlotheim. (De l'oolithe inférieur ferrugineux, à Caen et à Dundley.)

— *Deslompchampsii*, Defrance, Dictionn. des Sc. nat.; Atlas conchyl., tab. IX. (De l'oolithe de Bayeux.)

— *plagyogyrus*, de Bv., Muséum de Paris.

— *tumidus*, Reinecke, p. 74, n. 21, f. 47, 48. (Du coral-rag.)

— *macronotus*, très voisine de l'*A. coronatus*.

— *dorsilatus*, de Bv. Nouvelle espèce très voisine de l'*A. macronotus* dont elle diffère parce que le dos est plat ou beaucoup moins bombé, que les tours de spire sont beaucoup plus visibles et l'ouverture très transverse.

Ammonites inflatus, Reinecke, n. 23, tab. 6, f. 51. (Du coral-rag, en Angleterre et en Allemagne.)

— *Brocchii*, Sowerby, II, 235, tab. 20, f. 5. (Du Green-Sand, île de Wight.)

— *crenatus*, Reinecke, n. 27, tab. 6, f. 58-59. (Coral-rag, en Allemagne.)

— *myrioplocus*, De Bv. Assez grande espèce du Musée de Paris, intermédiaire aux *A. Brodiœi* et *Brocchii*, remarquable par la grande dépression de ses tours de spire et par le grand nombre de ses côtes, mais surtout de ses costules, triples de celles-là. (Calcaire jurassique de Luçon, dans la Vendée.)

— *humphresianus*, Sowerby, V, p. 161, tab. 500, f. 1. (De l'oolithe inférieur ferrugineux, en Angleterre, et du lias dans le sud de la France.)

— *gowerianus*, Sowerby, VI, p. 94, tab. 549, f. 2. (Du commencement du terrain houiller, en Angleterre et en Écosse.)

— *dubius*, Schloth.; Zieten, pl. 1, f. 2. (Schistes du lias, en Wurtemberg.)

— *punctatus*, Stahl. Zieten, pl. 10, f. 4. (Du lias, en Wurtenberg.)

— *oxiplocus*, de Bv., Muséum de Paris.

— *trifasciatus*, de Bv., Muséum de Paris.

— *paucicostula*, de Bv. Nouvelle espèce de la collection du Muséum de Paris, remarquable par sa forme globuleuse, fortement ombiliquée, à côtes très peu nombreuses, réduites à des tubercules peu marqués, donnant naissance à deux costules dorso-transverses.

— *Bourgueti*, Bourguet, p. 72, pl. 45, f. 278.

— *subcostatus*, de Bv., Muséum de Paris.

— *coronatus*, Bruguières, Encyclop., n. 2. (Nord de la France.)

— *Brodiœi*, Sowerby, IV, p. 71, tab. 351. (De l'oolithe inférieur.)

— *Blagdeni*, Sowerby, II, p. 231, tab. 201. (De l'oolithe inférieur en Angleterre, en Basse-Normandie et en Allemagne.)

— *bifurcatus*, Schloth.; Zieten, tab. 3, f. 306. (Du coral-rag et du lias, en Allemagne.)

— *Banksii*, Sowerby, II, p. 229, tab. 200. (De l'oolithe inférieur, d'Angleterre et de Suisse.)

— *Henleyi*, Sowerby, II, p. 161, tab. 172. (Du lias, dans le comté de Dorset.)

— *armatus*, Sowerby, I, p. 215, tab. 95. (Du lias et de l'argile d'Oxford, en Angleterre, Basse-Normandie, France orientale.)

Ammonites fibulatus, Sowerby, IV, 147, tab. 407, f. 2. (Du lias, en Angleterre.)

— *subarmatus*, Sowerby, p. 146, tab. 407, f. 1. (Du lias, en Angleterre.)

— *biarmatus*, Zieten, I, f. 6. (Wurtemberg ; Bavière; Suisse.)

— *perarmatus*, Sowerby, IV, pl. 352. (Écosse; Allemagne; Calvados.)

— *lateriplanus*, de Bv., Muséum de Paris.

— *Bechei*, Sowerby, III, p. 143, tab. 280. (De l'oolithe inférieur et du lias, en Angleterre et en Allemagne.)

— *striatus*, Reinecke, n. 32, tab. 8, f. 65-66. (De Feccheim.)

— *catena*, Sowerby, V, p. 21, tab. 420. (De l'oolithe moyen en Angleterre.

E. *Espèces un peu diversiformes, mais en général naviculaires, costées ou costulées et même échinées, constamment creusées à la circonférence par une excavation ou gouttière interrompant les costules :*

Les A. CAVIDORSES.

Ammonites tuberculatus, Sowerby, IV, p. 4, tab. 310, f. 1-3. (Du gault ou craie inférieure, en Angleterre, dans le comté de Sussex.)

— *radiatus*, Bruguières, Encycl. méth., n. 21. — Bouguet, tab. 43, f. 280.

— *sulcatus*, Zieten, tab 5, f. 3 *a b c*.

— *canalifer*, De Bv. D'après un moule pyriteux de la collection du Muséum de Paris, remarquable en ce que son dos subcarré à angles peu aigus, est creusé dans toute sa longueur par une gouttière ou canal étroit.

— *micraulax*, de Bv., Muséum de Paris.

— *Duncani*, Sowerby, II, 129, tab. 157. (De l'argile d'Oxford, de l'oolithe moyen, en Angleterre, en Basse-Normandie et dans la Bourgogne.)

— *Gulielmi*, Sowerby, IV, p. 5, tab. 311. (De l'oolithe inférieur et de l'argile d'Oxford, Angleterre méridionale.)

— *scapha*, De Bv. Nouvelle espèce de la collection du Muséum de Paris, et qui est fort remarquable par sa forme élégante, traversée par des côtes et costules épaisses. Elle est établie sur un moule de pierre calcaire très légère.

— *dentatus*, Sowerby, IV, tab. 308. (Donzdorf, dans le Wurtemberg.)

— *bicrenulatus*, De Bv. Nouvelle espèce de la collection du Muséum de Paris, caractérisée par ses côtes effacées peu nombreuses, marginales, d'où sortent des costules arquées en *S*, simples, se terminant, ainsi que des costules intermédiaires, à des crénelures de l'angle dorsal obliques et serrées.

Ammonites Parkinsoni, Sowerby, IV, tab. 307, f. 1. (Oolithe inférieur de Bayeux, etc.)

— *costulata*, de Lamarck, VII, p. 627. (Du lias et de l'oolithe inférieur, en Angleterre, en Basse-Normandie et en Allemagne.)

— *calloviensis*, Sowerby, II, p. 2, tab. 104. (Du calcaire oolithique moyen.)

— *splendens*, Sowerby, II, p. 1, pl. 103. (Du gault ou craie inférieure d'Angleterre.)

— *Sagei*, de Bv. Nouvelle espèce de la collection du Muséum de Paris, remarquable par le grand aplatissement des tours de spire et la grande compression de la coquille, ce qui donne aux costules bifides une très grande longueur, séparées sur le dos par un sillon assez profond et étroit.

— *mutabilis*, Sowerby, IV, p. 145, tab. 405. (De l'oolithe moyen.)

— *interruptus*, de Haan; Bruguière, Encyclop., n° 18, tab. 25, f. 5.

— *Hylas*, Reinecke, n° 11, tab. 3, fig. 24, 25. (De Langheim.)

— *denarius*, Sowerby, VI, p. 78, tab. 541, f. 1. (Du grès vert, d'Anglerre.)

— *Delucii*, Alex. Brongniart, Géolog. Paris, pl. 6-4. (Du grès vert, Savoie.)

— *parallelus*, Reinecke, pl. 13, f. 31. (Environs d'Uzing.)

— *canalifer*. Nouvelle espèce de la collection du Muséum de Paris, assez peu épaisse, et remarquable en ce que son dos subcarré est traversé par une gouttière ou canal étroit. (D'après le moule pyriteux d'une jeune coquille.)

— *lautus*, Parkinson; Sowerby, IV, p. 3, tab. 309, f. 1, 7. (De la craie marneuse.)

— *bicristatus*, de Bv. Nouvelle espèce de la collection du Muséum de Paris, différant de l'*A. lautus* parce que ses crénelures sont bien plus nombreuses et ont chacune une costule; le sillon dorsal moins grand et ses crêtes moins élevées.

— *Aluco*, de Bv. Nouvelle espèce du Muséum de Paris, assez comprimée, échinée, à dos assez étroit et largement canaliculé dans son milieu, côtelée et costulée.

— *bajocensis*, Defrance. Nouvelle espèce de la collection de M. Defrance et figurée dans l'Atlas du Dictionnaire des Sciences naturelles; remarquable par le sillon dorsal et la forme à trois lobes de l'ouverture.

— *Jason*, Reinecke, n° 8, tab. 3, fig. 15, 16. (Schistes du lias de Gamelshausen, en Wurtemberg.)

Ammonites Castor, Reinecke, n. 9, pl. III, f. 18, 19, 20. (Même localité.)

— *spinosus*, Sowerby, VI, p. 78, tab. 40, f. 1.

— *Pollux*, Reinecke, pl. III, f. 19, 20. (De l'oolithe inférieur en Allemagne, en Suisse et en Angleterre.)

— *clavatus*, Deluc; Brogn., Géol. Par., pl. 6, f. 14. (Grès vert, Mont-des-Fis.)

— *subclavatus*, de Bv. Nouvelle espèce du Muséum de Paris; elle diffère surtout de l'*A. clavatus* parce qu'il y a sur les tours de spire des côtes qui unissent les deux rangs de tubercules ou d'épines. (D'après un moule pyriteux des environs de Béfort.)

— *regularis*, Brug., Encyclop. n° 19. Bourguet., tab. 41, f. 275.

— *tuberculifer*, de Lamarck, VII, 639, p. 11. (Localité?)

— *Dignesii*, de Bv. Nouvelle espèce du Muséum de Paris, voisine de l'*A. clavatus*, mais bien plus épaisse, plus évidemment costée et bien moins canaliculée au dos. (De Digne.)

— *proboscideus*, Sowerby, IV, p. 4, tab. 310, f. 4-5. (De la craie marneuse, en Angleterre.)

— *longispinus*, Sowerby, V, p. 164, tab. 501, f. 1. (Craie de Weimouth.)

— *rusticus*, Sowerby, tab. 177. (De la craie, du Sussex, et du grès vert, à Bochum.)

— *Taylori*, Sowerby, VI, p. 23, tab. 515, f. 1.

— *monile*, Sowerby, II, p. 39, tab. 117. (Du green-sand, à Folkstone et dans les Ardennes.)

— *auritus*, Sowerby, II, p. 79, tab. 134. (Du green-sand.)

— *benettianus*, Sowerby, VI, tab. 539. (Du gault ou de la partie inférieure de la craie, en Angleterre.)

F. *Espèces assez diversiformes, épaisses ou planulées, échinées ou côtelées, rarement costulées, mais constamment plus ou moins bianguleuses à la circonférence, avec une quille entière ou décomposée au milieu du dos :*

Les A. CRISTIDORSES.

a.) *Quille (décomposée) formée de tubercules plus ou moins rapprochés.*

Ammonites rothomagensis, Defrance; Brogn., Géol. Par., pl. 6, f. 2, A B. (De la craie, Haute et Basse-Normandie, Angleterre.)

— *Gentoni*, Defrance; Brong., Géolog. Par., tab. 6, f. 6, A B. (De la craie de la Haute et Basse-Normandie, et du gault de Sussex.)

— *hippocastanum*, Sowerby, tab. 614, f. 2. (De la craie, Dowlands en Angleterre, Lyme-Régis.)

Ammonites Woollgari, Mantell; Sowerby, VI, p. 165, tab. 587, f. 1. (Des parties inférieures de la craie.)

— *vertebralis*, Sowerby, II, p. 147, tab. 165. (De l'oolithe moyen, du comté de Bath, en Angleterre, et de l'oolithe inférieur, en Allemagne.)

b). *Quille entière; les côtés plus ou moins échinés.*

Ammonites subvarians, de Bv., Muséum de Paris.

— *tetrammatus*, Sowerby, VI, p. 166, tab. 587, f. 2. (De la craie, d'Angleterre.)

— *rostratus*, Sowerby, II, p. 163, tab. 173. (De la craie marneuse, en Angleterre.)

— *varians*, Sowerby, I, p. 169, tab. 176. (De la craie et grès vert supérieurs de Haute-Normandie, d'Angleterre, de Savoie, etc.)

— *Sowerbyi*, Miller; Sowerby, III, p. 23, tab. 213. (Angleterre.)

— *Coupei*, Brongniart, Géol. Par., pl. 6, f. 3. (De la craie marneuse, Rouen.)

— *inflatus*, Brongn., Géol. Par., pl. 6, f. 1, A B. (Du grès vert supér., Haute-Normandie, perte du Rhône, Savoie.)

— *Brongnartii*, de Haan; Brong., Géolog. Par., pl. 6, fig. 5, A B C. (De la craie.)

— *varians*, Sowerby, II, p. 169, tab. 76. (Ile de Wight.)

— *spinatus*, Bruguières, Enc. méth., n° 14.

— *acuticosta*, de Bv., Muséum de Paris.

— *upsilon*, de Bv. Nouvelle espèce du Muséum de Paris, remarquable parce que son dos, un peu en toit, est pourvu d'une quille saillante, formée par une série de côtes en V ouverts en arrière. (D'après un moule pyriteux du département de la Lozère.)

— *dorsuosus*, Schlotheim; de Haan, p. 104, n. 3.

— *gibbosus*, de Haan, p. 104, n. 4. (De Nurenberg.)

— *veformis*, de Bv. Nouvelle espèce de la collection du Muséum de Paris, fort rapprochée de l'*A. upsilon*, dont elle diffère surtout par la forme de la quille, etc.

— *compressus*, de Bv. Nouvelle espèce de la collection du Muséum de Paris, très voisine de l'*A. veformis*, mais beaucoup plus comprimée, avec des côtes bien plus nombreuses, et la quille n'étant pas denticulée en une suite de V.

— *costula*, Reinecke, p. 68, f. 33-34. (Moule calcaire.)

— *costulatus*, Zieten, pl. 7, f. 7. (Oolithe inférieur, Wurtemberg.)

— *Kridion*, Reinecke; Zieten, pl. x, f. 5 *a b c*. (Du lias, du Wurtemberg.)

— *natrix*, Schloth.; Zieten, pl. 4, f. 5 *a b*.

Ammonites Smithii, Sowerby, pl. 406. (De la craie marneuse, en Angleterre.)
— *subquadratus*, de Bv. Nouvelle espèce de la collection du Muséum de Paris, très voisine de l'*A. costula* de Reinecke et surtout de l'*A. Smithii* de Sowerby, mais dont la coupe des tours de spire est subcarrée ; ces tours de spire sont traversés par des côtes épaisses, arquées, avec le dos déclive, subcanaliculé de chaque côté de la quille. (D'après un moule pyriteux.)
— *rotiformis*, Sowerby, v, tab. 453. (Du lias, près Yeovil, en Angleterre.)
— *multicostatus*, Sowerby, v, p. 76, tab. 454. (Du lias, d'Angleterre, à Bath.)

c). ***Quille entière, bien distincte, les côtes non échinées, le dos de moins en moins épais.***

Ammonites bisulcatus, Brug.; *A. Bucklandi*, Sowerby, II, p. 69, tab. 130. (Du lias, à Bath et en Basse-Normandie.)
— *Arietis*, Zieten, II, f. 4.
— *inflatus*, Sowerby, I, p. 171, tab. 178. (Du coral-rag, en Écosse.)
— *Conybeari*, Sowerby, II, p. 70, tab. 121. (Du lias, à Bath.)
— *aduncus*, de Bv., Muséum de Paris.
— *dubius*, de Bv. Nouvelle espèce du Muséum de Paris ; à dos quillé entre deux sillons fort peu profonds, avec des côtes simples, arquées, aussi marquées sur le premier que sur le dernier tour, par où elle diffère de l'*A. paucicosta*. (D'après un moule pyriteux.)
— *subcarinatus*, Phillips, *Yorkshire*, pl. 13, f. 3. (Lias.)
— *parvicristatus*, de Bv. Espèce assez voisine de la précédente, mais dont les côtes également simples sont onduleuses, plus saillantes vers l'angle du dos, et ensuite striiformes au sommet. La quille et les sillons sont aussi plus prononcés. (D'après un moule calcaire jurassique de Bayeux.)
— *obtusus*, Sowerby, tab. 167. (Du lias, en Angleterre.)
— *Ygnoni*, de Bv., Muséum de Paris. (Lozère.)
— *Brookii*, Sowerby, III, p. 203, tab. 190. (Du lias, à Lyme-Regis, Tubinge.)
— *bifrons*, Brug., Dict. encycl., n. 15 ; *A. Walcotii*, Sowerby, II, p. 7, tab. 106. (Angleterre.)
— *stellaris*, Sowerby, I, p. 211, tab. 93. (Du lias à Lyme-Regis, et de la Basse-Normandie.
— *falcatus*, de Bv. Petite espèce de la collection du Muséum de Paris,

épaisse, à dos plat, légèrement quillée, à flancs peu convexes, traversés par des costules falciformes groupées deux à deux.

Ammonites glabrella, Bruguières, Dictionn. encyclop., n. 8.

— *Brownii*, Sowerby, III, p. 114, tab. 260, f. 4-5. (De l'oolithe inférieur, à Dundy.)

— *æquicosta*, de Bv., Muséum de Paris.

— *costatus*, Reinecke, n. 34, f. 68-69. (Argile pyriteux d'Allemagne.)

— *cristatus*, Defrance, Sowerby, v, p. 24, tab. 421, f. 3. (De l'argile d'Oxford, en France et en Allemagne.)

— *subcristatus*, Deluc; Brong., Géol. Par., pl. 7, f. 9 A B C. (Du grès vert, perte du Rhône.)

— *Turneri*, Sowerby, v, p. 75, tab. 450-2. (Du lias, en Angleterre; de la France méridionale et d'Allemagne.)

— *excavatus*, Sowerby, tab. 105. (Du coral-rag, du lias, en Angleterre et en Basse-Normandie.)

— *angulatus*, de Haan, p. 138, n. 87. (Du lias, en Angleterre.)

— *varicosus*, Sowerby, v, p. 74, tab. 451, f. 5. (Du grès de Blakdone.)

— *crassicostulatus*, de Bv. Nouvelle espèce du Muséum de Paris, assez remarquable en ce que la quille bien distincte est peu élevée, et surtout que les costules très épaisses, naissant deux à deux près la suture, se continuent jusqu'à la quille.

— *tricostula*, de Bv., Muséum de Paris.

— *bicostula*, de Bv., Muséum de Paris.

— *radians*, Schlotheim; Reinecke, n. 17; Zieten, pl. 4, f. 3. (Du lias, en Wurtemberg.)

— *elegans*, Sowerby, pl. 94. (De l'oolithe inférieur, en Angleterre, en Basse-Normandie et en Allemagne.)

— *mulgravius*, Phillips, *Yorkshire*, pl. 10, f. 11. (Du lias.)

— *corrugatus*, Sowerby, v, 74, tab. 451, f. 37. (De l'oolithe ferrugineux.)

— *cordatus*, Sowerby, I, p. 51, tab. 17, f. 2-4. (Du calcaire oolithique supérieur aux environs d'Oxford.)

— *quadratus*, Sowerby, I, p. 53, tab. 17. (De l'oolithe inférieur, en Basse-Normandie.)

— *læviusculus*, Sowerby, v, p. 73, tab. 451, f. 1-2. (De l'oolithe inférieur, à Dundry et en Basse-Normandie.)

G. ***Espèces costées et costulées d'une manière évidente, à dos plus ou moins atténué et pourvu d'une carène aiguë bien distincte :***

Les A. CARINIDORSES.

Ammonites serratus, Sowerby, I, tab. 24.

Ammonites cingulatus, de Haan, p. 119, n. 26.
— *Amalthæus*, Schlotheim, n. 9; Zieten, tab 4, f. 2 *a b c*; *A. Stokesii*, Sowerby, II, pl. 191. (Du lias d'Angleterre, de Normandie, etc.)
— *serrulatus*, Zieten, pl. 15, f. 7.
— *paradoxus*, Sthal.; Zieten, tab. 3, f. 6 *a b c*.
— *Sowerbyi*, Miller; Sowerby, III, p. 23, tab. 213.
— *simpla*, Bruguières, Dictionn. encyclop., n. 10; Bourguet, tab. 40, n. 265. (Schiste pyriteux de la France méridionale.)
— *Goodhalli*, Sowerby, tab. 556 (Du green-sand, en Angleterre.)
— *acutus*, Sowerby, I, tab. 17, f. 1. (Argile d'Oxford et oolithe inférieur et lias, en Écosse, en Angleterre, en Basse-Normandie et en Allemagne.)
— *granulatus*, Brug.; Bourguet, f. 254-256; Reinecke, 16. (De l'oolithe inférieur, en Allemagne.)
— *subradiatus*, Sowerby, V, p. 23, tab. 421, f. 2. (Du calcaire oolithique ferrugineux.)
— *falcifer*, Sowerby, pl. 254, f. 2, et Zieten, pl. 7, f. 4. (De l'oolithe inférieur et du lias, en Allemagne, Angleterre, Basse-Normandie et France méridionale.)
— *Murchisonæ*, Sowerby, tab. 550.

II. *Espèces lisses ou à stries d'accroissement plus ou moins prononcées, et généralement fortement involvées et carénées* :

Les AMM. LÆVIDORSES.

a.) *Tours de spire visibles.*

Ammonites Jonhstonii, Sowerby, V, tab. 449, f. 1. (Du lias, en Angleterre.)
— *serpentinus*, Schlotheim; Zieten, pl. 12, f. 4.
— *Strangwaysii*, Sowerby, III, tab. 254, f. 1,2. (De l'oolithe inférieur et du lias, en Allemagne, Angleterre et Basse-Normandie.)
— *knorianus*, de Haan, n° 94; Knorr, I, tab. 37, f. 2.
— *striatus*, Sowerby, V, p. 23, tab. 421, f. 1. (De l'oolithe inférieur et du lias, en Angleterre et en Allemagne.)
— *planorbis*, Sowerby, V, p. 69, tab. 448. (Du lias, à Watcht.)
— *depressus*, Brug., Diction. encyclop., n° 5. (Basse-Bretagne.)
— *rotula*, Sowerby, VI, p. 136, tab. 570, f. 4. (Du lias, en Angleterre et Wurtemberg; de la craie, en Yorshire, argile de Specton.)
— *ellipticus*, Sowerby, I, t. 92, fig. 4. (Du lias, à Chamouth.)
— *lævigatus*, Sowerby, VI, p. 125, tab. 570, f. 3. (Du lias, à Lyme-Regis.)

Ammonites lumbricalis, Bruguières, Encyclop., n° 3; Lang., I, 23. (De la craie.)

— *parvus*, Sowerby, V, p. 70, tab. 449, f. 2. (De Cambridge, argile de Speeton.)

b.) *Tours de spire visibles dans un large ombilic.*

Ammonites falcifer, Sowerby; *A. cœcilia*, Reinecke, III, p. 99, tab. 234, f. 2.

— *carinatus*, Bruguières, Encycl. méth., n. 6. (Des Cévennes.)

— *excavatus*, Sowerby, II, p. 5, tab. 105. (De l'oolithe moyen, près Oxford et en Basse-Normandie.)

— *Greenoughi*, Sowerby, II, p. 71, p. 132. (Du lias, à Bath et à Lyme-Regis, etc.)

— *Loscombi*, Sowerby, II, tab. 185, f. 3. (Provient du lias, à Lyme-Regis.)

— *planulatus*, Sowerby, VI, p. 136, tab. 570, f. 5. (Du grès vert supérieur, en Angleterre.)

— *undatus*, Sowerby, VI, p. 134, tab. 589. (De la craie supérieure; comté de Sussex.)

— *lewiensis*, Mantell, tab. 22, f. 2. (De la craie, à Sussex, Angleterre, et à Fissen, Allemagne.)

— *comptus*, Reinecke, p. 3, tab. I, f. 5, 6. (Localité?)

— *gracilis*, Zieten, pl. 7, f. 3. (Du lias, en Allemagne.)

— *opalinus*, Reinecke, p. 55, n° 1, tab. 1, f. 1,2. (Du lias, en Allemagne et à Gundershoffen, près Strasbourg, Bas-Rhin.)

— *Mœandrus*, Reinecke; Zieten, pl. 9, f. 6. (De l'oolithe inférieur, en Allemagne.)

— *cadomensis*, Defrance, Dict. Sc. nat., Atlas, pl. 18, f. 1. Espèce ressemblant à un nautile comprimé, lisse, ombiliquée, avec la bouche pourvue de trois lobes ou oreilles arrondies. (Du calcaire jurassique des environs de Caen.)

c.) *A tours de spire entièrement cachés.*

Ammonites complanatus, Sowerby, VI, tab. 569. (Du comté de Sussex.)

— *Sutherlandiæ*, Sowerby, VI, p. 121, tab. 563. (Oolithe et grès calcaire, en Écosse et en Angleterre.)

— *heterophyllus*, Sowerby, III, p. 119, tab. 266; Buckland, *Geology and Mineral*, II, pl. 38 et 39. (Du lias, en Angleterre au centre et au sud; de Grafenberg.)

Ammonites reniformis, Bruguière, Encycl. méth., n. 1; Lang., tab. 23, *cum* fig. (De Bedford.)

— *discus*, Sowerby, II, tab. 1 A, f. 18, 19. (De l'oolithe inférieur, à Bedfort.)

— *menoïdes*, de Bv.; Mercati, *Metalloth.*, p. 311.

Dans notre manière de voir, nous aurions dû intercaler, chacune dans sa section, les espèces d'ammonites que nous regardons comme de véritables monstruosités, puisqu'on trouve rarement deux individus offrant au même degré la particularité caractéristique du prétendu genre; comme par exemple dans les *Ellipsolithes*, les *Ammonocératites* et même les *Scaphites*, etc. Mais pour démontrer cette opinion, il aurait fallu entrer dans plus de discussions que n'en comporte un dictionnaire, et qui dans cet article pourraient paraître déplacées. Nous avons donc mieux aimé, sans renvoyer à chacun de ces mots, les réserver pour ceux de CLOISONÉES ou de POLYTHALAMES, où des observations de ce genre pourront être plus convenablement exposées.

De la distribution géographique et géologique des ammonites.

Quoique l'on soit encore fort éloigné d'avoir étudié, ou même recueilli sur les ammonites de toutes les parties du monde autant de renseignements que nous en possédons aujourd'hui sur celles d'Europe, cependant quelques géologues, et entre autres M. Buckland, semblent être portés à penser que les espèces ne sont pas réparties suivant les localités géographiques, mais suivant l'ancienneté des terrains; c'est-à-dire qu'une même espèce peut se rencontrer dans toutes les parties du monde, si le terrain auquel elle appartient s'y trouve. M. Buckland cite, en effet, d'après M. Girard, les *A. Walcotii* et *communis* du lias de notre Europe, comme se trouvant identiques dans le même terrain des monts Himalaya. Nous devons cependant faire observer que M. Boussingault a rapporté de la Colombie des ammonites du lias, qui semblent différer spécifiquement de celles du lias d'Europe, quoique appartenant aux mêmes familles. Le green-sand du New-Jersey, dans l'Amérique septentrionale, contient, comme le nôtre, des scaphites, associées à certaines ammonites et à des baculites; mais ces scaphites sont différentes de celles d'Europe. Les ammonites doivent donc être étudiées dans leur distribution géologique et non dans leur répartition géographique.

Jusqu'ici on ne connaît, ou mieux on n'a encore recueilli d'ammonites qu'en Europe, aussi bien au nord qu'au midi de ce continent et à l'orient qu'à l'occident; dans les deux Amériques; dans l'Asie continentale et dans l'Afrique, au moins dans l'Afrique australe, d'après des échantillons rapportés par M. Verreaux, et qui sont dans les collections du Muséum. Quant à la Nouvelle-Hollande, il est probable qu'il y existe aussi des ammonites, au moins des terrains anciens, puisqu'il paraît s'y trouver des spirifères.

Quoi qu'il en soit, les ammonites sont en quantité plus ou moins considérable et appartenant à certains groupes, suivant la nature des terrains et leur étendue dans les différentes parties de la terre ; du moins c'est ainsi qu'on l'observe en Europe.

Les géologues n'ont encore indiqué des ammonites, en étendant ce nom aux goniatites, aux cératites et aux scaphites, que depuis les parties supérieures du terrain de transition jusqu'aux parties moyennes de la craie inclusivement. Aucun terrain tertiaire n'en a encore présenté (1), et cette observation, en se joignant au fait qu'on n'a pas encore trouvé d'ammonites récentes, tend à corroborer l'opinion que ce genre d'animaux n'existe plus à l'état vivant.

Les ammonites, en général, et certaines espèces en particulier, peuvent donc être considérées comme un élément caractéristique de la série des terrains compris entre celui de transition inclusivement, et celui de craie, également inclusivement, et de certaines couches de ces formations ; mais si les espèces ne sont pas toujours particulièrement réservées à des terrains ou à des parties de terrains déterminés, il est certaines formes générales qui le sont, du moins dans l'état actuel de l'observation.

Schlotheim, qui, dès 1813, a essayé de caractériser les terrains d'après les corps organisés qu'ils renferment, avait admis six ou sept espèces d'ammonites connues, se trouvant dans le calcaire de transition, mais d'après des renseignements erronés, car certainement aucune espèce de celles qu'il cite comme telles n'appartient à ce terrain.

Farey, un peu plus tard, fut plus exact ; et, en effet, il rapporta au calcaire de montagne des espèces de cératites et de goniatites, en même emps qu'il donna un tableau fort intéressant des espèces qui, en ngleterre, se sont trouvées dans la succession des strates compris ntre ce terrain et la craie, et dans la craie elle-même.

M. Al. Brongniart avait, dans son Tableau des terrains, publié en 829, regardé comme douteux que l'on eût trouvé des ammonites dans a houille ; mais aujourd'hui, c'est à peine si ce genre de coquilles lescend au-dessous de la partie des terrains de transition désignée

(1) Je dois cependant faire observer que M. Farey, dans son tableau des amionites par terrains, inséré dans le *Mineral conchology* de Sowerby, donnait mme de l'argile de Londres l'*A. acutus* et *decipiens*.

sous le nom de devonien, et encore les espèces qui sont dans ce cas appartiennent-elles aux goniatites seulement. M. Brown paraît être le premier qui ait fait cette observation.

M. Buckland et les géologues anglais n'avaient d'abord rapporté à ce terrain que l'*A. Henslowi*, qui appartient à la section des goniatites; mais depuis les travaux de M. de Munster sur ce groupe, et même quoi qu'une étude plus approfondie de plusieurs prétendues goniatites ait montré qu'elles n'étaient pas des ammonites véritables, mais plutôt une section de la famille des nautiles, qu'il a désignée sous le nom de *Clymène*, le nombre des espèces de goniatites véritables qui existent dans le terrain de transition du Fichtelgebirg, etc., monte actuellement à plus de quarante. Les Clymènes sont aussi de ce terrain.

Dans les terrains carbonifères, il semble aussi n'exister que des ammonites à cloisons simplement anguleuses à la phériphérie (goniatites), comme on s'en est assuré en Angleterre, en Belgique, aux environs de Namur, de Liége, dans les mines de Visé, sur les bords du Rhin, dans la Westphalie; mais il paraît que c'est seulement dans l'argile schisteuse servant de toit à la couche de houille, et dans le calcaire noir de ce terrain, c'est-à-dire au-dessus et au-dessous des couches de houille, que se trouvent surtout ces ammonites.

Dans le muschel-kalk, que l'on ne connaît qu'en deux ou trois endroits d'Allemagne, et à Lunéville, en France, se trouvent exclusivement les espèces à lobes arrondis presque simples, composant les cératites de M. de Haan, dont le type est l'*A. nodosus*.

Mais au-dessus, c'est-à-dire dans le lias, le calcaire jurassique, l'oolithe, le green-sand et la craie, ce ne sont plus que de véritables ammonites, à cloisons persillées et de toutes les formes que nous avons signalées.

Certaines espèces sont cependant regardées comme particulières et caractéristiques de tel ou tel terrain :

L'*A. Bucklandi*, du lias;

L'*A. Goodhalli*, du green-sand;

Les *A. rusticus* et *rothomagensis*, de la craie.

Mais à ce point, il faudrait craindre de vouloir aller plus loin, en assignant telle ou telle espèce à telle partie de chaque formation, parce que cela pourrait aussi bien tenir à la localité. En effet, M. Defrance, après de longues recherches, a pu dire avec Walsh, qu'en général, la même espèce d'ammonites se trouve dans un canton, et une autre dans un autre lieu; et c'est ce qu'on peut aisément vérifier en voyant les quantités considérables d'ammonites venant de la craie de Rouen, de l'oolithe de Bayeux, du calcaire jurassique de la Bourgogne, des

Ardennes ou du sud-est de la France. Dans chaque localité, il semble que ce sont des espèces nouvelles et qui ne se trouvent pas dans un autre lieu.

Un fait en rapport avec celui-là, c'est qu'un grand nombre d'individus de la même espèce, de sexes et d'âges différents, se trouvent à la fois entassés les uns sur les autres dans toutes les positions, en un même endroit quelquefois très resserré, comme à Avalon, en Bourgogne, et aux environs de Namur, suivant M. de Haan, et comme j'en ai vu moi-même entre Caen et Bayeux : ce qui semble prouver que, comme aujourd'hui les nautiles et les spirules, les coquilles flottantes des ammonites étaient poussées et accumulées par les courants dans certaines anses, où elles étaient saisies par le terrain qui se formait.

Bruguières a même fait l'observation que ces amas d'ammonites ont principalement lieu dans l'interstice des couches, et bien plus rarement dans les couches elles-mêmes, par individus épars ; mais cette observation ne doit pas être encore aussi généralisée : en effet, M. de Roissy s'est positivement assuré que dans l'argile des Vaches-Noires, de la côte de la Basse-Normandie, par exemple, les ammonites sont irrégulièrement éparses dans le terrain.

Quant à la position des ammonites dans la roche ou dans les interstices, Bruguières assure encore qu'elles sont adhérentes par une de leurs faces à la surface supérieure du strate sous-posé, tandis que la face opposée est seulement moulée à la face inférieure du strate supérieur, et s'en détache facilement.

Le mode de conservation, ou mieux, l'état sous lequel les ammonites nous sont révélées, est encore en rapport avec la nature du terrain, et change aussi avec les localités, de manière à être presque particulier à chaque canton, pour ainsi dire à chaque espèce.

Le plus souvent c'est à l'état de moule intérieur ou d'entype, et alors ce moule, qui doit montrer plus ou moins complétement les sinuosités des cloisons, est de nature très diverse, c'est-à-dire à l'état de craie, de calcaire plus ou moins fin, quelquefois oolithique (1), d'autres fois à l'état complétement pyriteux ou ferrugineux, quand c'est dans un strate argileux d'époque différente qu'elles ont été enfouies, par exemple, pour les ammonites des Vaches-Noires, et celles des environs de Bamberg, en Allemagne.

C'est dans le cas où l'entype est formé d'une substance extrêmement fine et très serrée, que l'on a remarqué à sa surface ces couleurs lui-

(1) Dans ce cas, M. de Roissy a observé que les grains oolithiques n'existent que dans la cavité de la coquille, et seulement dans le siphon de la première gelo, mais jamais dans les loges de la spire, à moins de cassure préalable.

santes, qui ont fait conclure que la face interne des ammonites était irisée, comme dans les nautiles. C'est ce que l'on remarque surtout dans les ammonites venant de Russie, des Ardennes et même de la craie de Rouen.

On trouve aussi des moules d'ammonites qui sont entièrement à l'état calcédonieux, comme dans celles du cap La Hève, près le Havre ; mais, suivant M. de Roissy, ce sont des ectypes, et, en effet, on n'y voit aucune trace de sinuosités. M. de Buch cite aussi des ammonites de la division des goniatites, des bords du Rhin, qui sont remplacées par du silex et de la calcédoine.

Dans un plus petit nombre de cas, la coquille est conservée à la surface de la masse qui la remplit, et qui peut être ou de la même matière que la roche ou formée de couches plus ou moins épaisses de cristaux, qui ayant envahi successivement les loges ont fini par les remplir.

Enfin, on cite quelques ammonites dont le têt est conservé, et dont cependant les loges de la spire sont restées vides. Elles viennent de Russie, de Saint-Paul-Trois-Châteaux, en Dauphiné, et de Machéroménil, dans les Ardennes. C'est sur ces espèces que l'on a pu voir combien le têt de certaines ammonites était mince, surtout pour les cloisons, que l'on peut comparer à des feuilles d'un papier très fin.

Nous ne nous arrêterons pas à exposer comment ont pu se conserver jusqu'à nous sous différents états les preuves de l'existence des ammonites, genre autrefois si nombreux, parce que cette question pourra être traitée plus convenablement au mot Fossilisation.

Nous devons aussi renvoyer au mot Cloisonnées ou Polythalames, pour prendre une idée de l'ensemble des connaissances actuelles sur la partie de la conchyliologie qui renferme toutes les coquilles offrant ce caractère ; ainsi qu'aux mots Nautile et Spirule, pour en connaître les animaux.

Nous en ferons autant pour ces singuliers fossiles, qui ont été regardés par quelques personnes comme des opercules d'ammonites, parce qu'on en a trouvé quelquefois à l'entrée de la cavité de ces coquilles. Il en sera question à l'article Trigonellite, nom sous lequel Parkinson nous semble les avoir fait connaître le premier.

(De Blainville.)

FIN.

IMPRIMERIE D'HIPPOLYTE TILLIARD,
Rue St-Hyacinthe-St-Michel, 30.

www.ingramcontent.com/pod-product-compliance
Ingram Content Group UK Ltd.
Pitfield, Milton Keynes, MK11 3LW, UK
UKHW022150170726
13837UKWH00004B/1894